絵とき
シーケンス制御読本
実用編 改訂4版

大浜 庄司 著

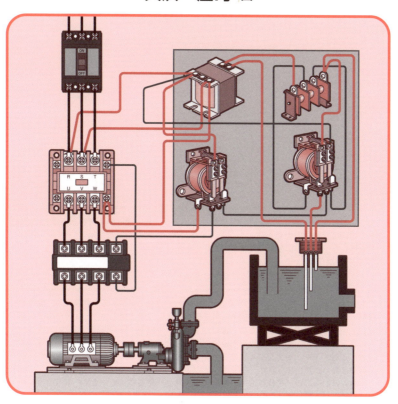

Ohmsha

本書を発行するにあたって，内容に誤りのないようできる限りの注意を払いましたが，本書の内容を適用した結果生じたこと，また，適用できなかった結果について，著者，出版社とも一切の責任を負いませんのでご了承ください．

本書は，「著作権法」によって，著作権等の権利が保護されている著作物です．本書の複製権・翻訳権・上映権・譲渡権・公衆送信権（送信可能化権を含む）は著作権者が保有しています．本書の全部または一部につき，無断で転載，複写複製，電子的装置への入力等をされると，著作権等の権利侵害となる場合があります．また，代行業者等の第三者によるスキャンやデジタル化は，たとえ個人や家庭内での利用であっても著作権法上認められておりませんので，ご注意ください．

本書の無断複写は，著作権法上の制限事項を除き，禁じられています．本書の複写複製を希望される場合は，そのつど事前に下記へ連絡して許諾を得てください．

(社)出版者著作権管理機構
(電話 03-3513-6969，FAX 03-3513-6979，e-mail: info@jcopy.or.jp)

JCOPY ＜(社)出版者著作権管理機構 委託出版物＞

はじめに

　この本は，電動機制御，温度制御，圧力制御，時限制御などの実用基本回路及び自家用受電設備，空調設備，エレベータ設備，給排水設備，コンベア設備，ポンプ設備などのシーケンス制御について，その動作を色分解し，絵と図で解説した「**シーケンス制御実務書**」です．

　この本は，シーケンス制御回路をより理解しやすくするために，次のような工夫をしているのが特徴です．

（1）設備を構成する機器の配置と制御配線を立体的に図解した実際配線図で示すことにより，制御系の全体の構成が実感として受けとれるようになっております．

（2）シーケンス図と実際配線図を対比して示すことにより，シーケンス図に記載されている回路構成を具体的に理解することができます．

（3）シーケンス制御をその動作機能により，順を追って一つ一つのシーケンス図に分解して示す"スライド図解方式"を用いることことにより，その動作機能が系統的に理解できるようになっております．

（4）シーケンス図における制御機器の動作により形成される回路は，シーケンス図に色矢印で示してありますので，その矢印の回路を順にたどることにより，おのずから動作した回路が"目で見てわかる"ようになっております．

（5）シーケンス図に動作の順に従って，動作番号が記載してありますので，その動作番号を順に追っていくことにより，シーケンス動作が容易に理解できるようになっております．

（6）メーク接点，ブレーク接点，切換接点などの開閉接点は，動作すると閉じまたは開きます．そこで，これら開閉接点の動作後の可動接点図記号を色線で示すことにより，信号の流れが連続的に理解できるようになっております．

　　　　　　　　　　＊　　　　　　　　＊　　　　　　　　＊

　シーケンス制御を初めて学習しようと志す人には，本書の姉妹書である「絵とき シーケンス制御読本 入門編」もお勧めいたします．

　これら姉妹書を含め活用され，多くの人々が一日も早くシーケンス制御技術を習得され，先端技術者としての重責を十二分に果され，活躍されるならば，著者の最も喜びとするところです．

　2018年9月

オーエス総合技術研究所・所長　**大浜　庄司**

絵とき シーケンス制御読本 [実用編] (改訂4版)

目次

■ はじめに …………………………………………………………… 3

第1章 シーケンス制御を理解するための電気設備のしくみと制御 …… 7
- 1-1 自家用高圧受電設備のしくみと制御／8
- 1-2 電動機・電気炉設備などのしくみと制御／14
- 1-3 空調設備のしくみと制御／18
- 1-4 エレベータ設備のしくみと制御／20
- 1-5 給排水設備のしくみと制御／22
- 1-6 コンベヤ設備のしくみと制御／24
- 1-7 ポンプ設備のしくみと制御／26

第2章 シーケンス制御の基礎知識 …………………………………… 27
- 2-1 シーケンス制御機器のしくみと動作／28
- 2-2 電気用図記号の表し方／31
- 2-3 シーケンス制御記号の表し方／40
- 2-4 制御器具番号の表し方／42
- 2-5 シーケンス図の表し方／45

第3章 やさしいシーケンス制御の実例 ……………………………… 49
- 3-1 自動ドアの開閉制御機構／50
- 3-2 自動ドアのシーケンス制御／54

第4章 電動機制御の実用基本回路 …………………………………… 65
- 4-1 電動機の現場・遠方操作による始動・停止制御回路／66
- 4-2 コンデンサモータの正逆転制御回路／72
- 4-3 電動機の寸動運転制御回路／78
- 4-4 電動機の逆相制動制御回路／84
- 4-5 電動機の始動制御回路のいろいろ／90

第5章 温度制御の実用基本回路 ……………………………………… 95
- 5-1 温度スイッチを用いた警報回路／96
- 5-2 三相ヒータの温度制御回路／99
- 5-3 加熱・冷却二段温度制御回路／105

第6章 圧力制御の実用基本回路 … 109
- 6-1 圧力スイッチを用いた警報回路 ／ 110
- 6-2 コンプレッサの圧力制御回路（手動・自動制御）／ 113

第7章 時限制御の実用基本回路 … 121
- 7-1 ブザーの一定時間吹鳴回路 ／ 122
- 7-2 電動送風機の遅延動作運転回路 ／ 125

第8章 自家用受電設備のシーケンス制御 … 129
- 8-1 電磁操作方式による遮断器の構造と動作 ／ 130
- 8-2 直流式電磁操作方式による遮断器の制御回路 ／ 132
- 8-3 交流式電磁操作方式による遮断器の制御回路 ／ 135
- 8-4 自家用受電設備の試験回路 ／ 140

第9章 空調設備のシーケンス制御 … 149
- 9-1 空調設備の制御方式 ／ 150
- 9-2 ボイラの自動運転制御 ／ 151
- 9-3 ファンコイルユニットの運転制御 ／ 164

第10章 エレベータ設備のシーケンス制御 … 165
- 10-1 エレベータの記憶制御回路 ／ 166
- 10-2 エレベータの方向選択制御回路 ／ 168
- 10-3 エレベータの表示灯制御回路〔Ⅰ〕／ 170
- 10-4 エレベータのドア開閉制御回路（ドア閉）／ 172
- 10-5 エレベータの運行指示制御回路 ／ 174
- 10-6 エレベータの始動制御回路（主回路）／ 176
- 10-7 エレベータの表示灯制御回路〔Ⅱ〕／ 180
- 10-8 エレベータの停止準備制御回路 ／ 182
- 10-9 エレベータの停止制御回路（主回路）／ 184
- 10-10 エレベータの呼び打消制御回路 ／ 187
- 10-11 エレベータのドア開閉制御回路（ドア「開」）／ 188
- 10-12 3階までのエレベータ設備 ／ 190

第11章 給排水設備のシーケンス制御 … 193
- 11-1 フロートレス液面リレーを用いた給水制御 ／ 194
- 11-2 異常渇水警報付き給水制御 ／ 198
- 11-3 フロートレス液面リレーを用いた排水制御 ／ 202
- 11-4 異常増水警報付き排水制御 ／ 206
- 11-5 ビルの給排水衛生設備 ／ 210

第12章	**コンベヤ・リフト設備のシーケンス制御** ········ 213
	12-1　コンベヤの一時停止制御／214
	12-2　荷上げリフトの自動反転制御／219

第13章	**ポンプ設備のシーケンス制御** ················ 225
	13-1　ポンプの繰り返し運転制御／226
	13-2　ポンプの順序始動制御／230

第14章	**駐車場設備・防災設備のシーケンス制御** ······ 233
	14-1　駐車場設備のシーケンス制御／234
	14-2　防災設備のシーケンス制御／238

■ 索　引 ·· 243

改訂4版の発行にあたって

　各国の規格・基準の国際的整合化と透明性の確保は，貿易上の技術的障害を除去または低減し，世界的な貿易の自由化と拡大のためには，必要不可欠といえます．わが国においても，国内規格が非関税障壁とならないように，国際規格との整合性を図るため，JIS（日本工業規格）の国際規格との整合化が図られてきました．

　本書は，JIS C 0617（電気用図記号）シリーズに規定された電気用図記号を採用しております．JIS C 0617：2011は，国際規格 IEC 60617（Graphical symbols for diagrams）に準拠して規定され，整合性が図られています．

　本書のオリジナル版は1975年11月に月刊雑誌『新電気』の臨時増刊号として発行され，翌1976年に書籍化されて，その後，制御技術の進歩とともに歩みつづけ，2001年に大幅な改訂を行い「改訂3版」としました．以来，現在まで長年にわたって，現場の技術者の方々にご愛読いただいております．

　この度，2001年以来の技術改新に伴い，この本のさらなる内容の充実を図るため，「開閉接点の名称」などを見直し，JIS C 0617（電気用図記号）への一層の整合化を図ることを含め，本書の細部にわたって点検を行い，書き改めて，装を新しくして「改訂4版」といたしました．

　旧版同様，ご愛読いただければ幸いです．

2018年9月

オーエス総合技術研究所・所長　**大浜　庄司**

第1章

シーケンス制御を理解するための電気設備のしくみと制御

この章のポイント

　さあ，シーケンス制御を理解するために，ぜひとも必要なシーケンス制御が用いられている電気設備そのもののしくみと制御の方法から始めましょう．

　この章では，これからシーケンス制御を学ぶために，実例として取り上げてある電気設備に対して，その設備の実際を，まず，理解してもらいます．

　自家用高圧受電設備，非常用電源設備，エレベータ設備，空調設備，給排水設備，電動機設備，コンベヤ設備，ポンプ設備などの電気設備について，その立体施設図をもとに，しくみと制御および動作をやさしく解説してあります．

1-1 自家用高圧受電設備のしくみと制御

❶ キュービクル式高圧受電設備とはどういうものか

自家用高圧受電設備とは

❖ **自家用高圧受電設備**とは，自家用高圧需要家が一般送配電事業者（電力会社）の配電線路から高圧で受電した電力を，その構内の電力負荷設備の使用電圧に応じた低い電圧に変成するための，高圧配電盤，高圧変圧器，低圧配電盤，保安開閉器，計測器類などの高圧受電装置・変電装置およびこれらを収めた電気室またはキュービクルなどをいいます。

❖ 受電設備容量が 4 000kVA 以下のキュービクルは，日本工業規格 JIS C 4620（キュービクル式高圧受電設備）に規定されており，受電用遮断装置の種類により，**PF-S 形**，**CB 形**の 2 種類があります。

キュービクル式高圧受電設備の構造〔例〕　　　　● PF-S 形 ●

❖ **キュービクル式高圧受電設備**は，おもに自家用高圧需要家が一般送配電事業者（電力会社）から受電するための受変電設備として用いられるもので，高圧の受電装置，変電装置およびこれに伴う機器一式を接地した金属箱内に収めた設備をいいます．

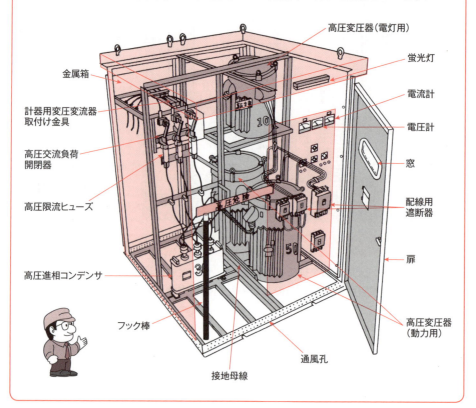

高圧限流ヒューズ・高圧交流負荷開閉器形キュービクル式高圧受電設備　● PF-S形 ●

❖ **高圧限流ヒューズ・高圧交流負荷開閉器形キュービクル式高圧受電設備**とは，主遮断装置として高圧限流ヒューズ(PF)と高圧交流負荷開閉器(LBS：S)を組み合わせた設備で，**PF-S形**ともいいます．

<JIS C 4620>
● 受電設備容量
　300kVA以下

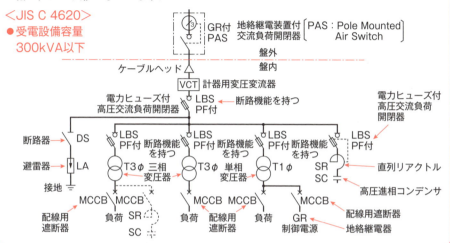

遮断器形キュービクル式高圧受電設備　● CB形 ●

❖ **遮断器形キュービクル式高圧受電設備**とは，主遮断装置として遮断器(CB)を用いた設備で，**CB形**ともいいます．

<JIS C 4620>
● 受電設備容量
　4 000kVA

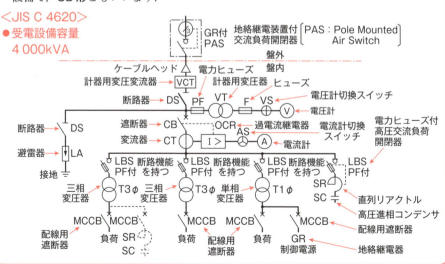

❷ 開放式高圧受電設備とはどういうものか

開放式高圧受電設備主回路の機器構成〔例〕

※ **開放式高圧受電設備**とは，受電室内にパイプフレームを組んで，断路器，遮断器，高圧変圧器，計測器類などの高圧受電装置・変電装置を施設し，開放形の高圧配電盤，低圧配電盤により，構内に給電する形式をいいます。

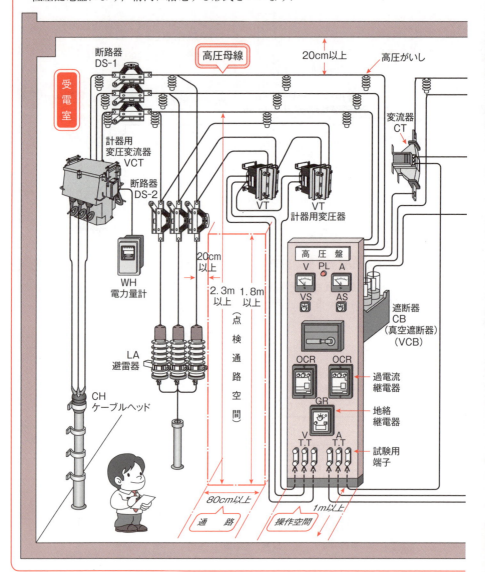

● 遮断器形（CB形）

❖ **受電室**とは，断路器，遮断器，高圧変圧器，高圧配電盤，低圧配電盤などの高圧受電装置・変電装置を施設する屋内の場所をいいます．

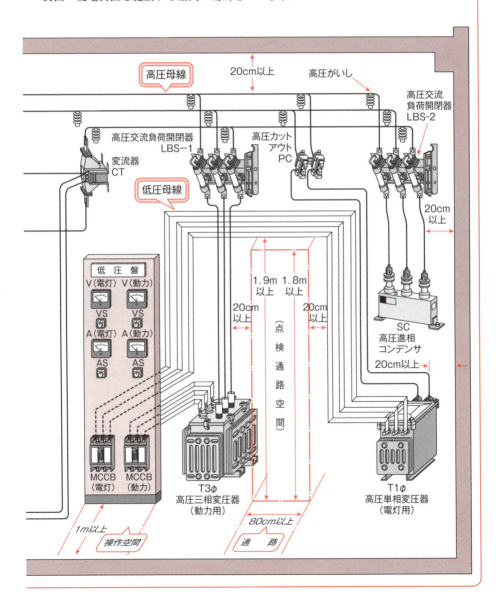

❸ 非常用電源設備の制御

非常用電源設備とは

※ **非常用電源設備**は，デパート，劇場，放送・通信施設，電気・石油・化学・鉄鋼などの企業における重要設備に対して，一般送配電事業者（電力会社）からの商用電源が停電した場合に，必要負荷に渋滞なく電力を供給するために施設されます．一般に，非常用電源設備としては，ディーゼル機関発電装置などが用いられております．

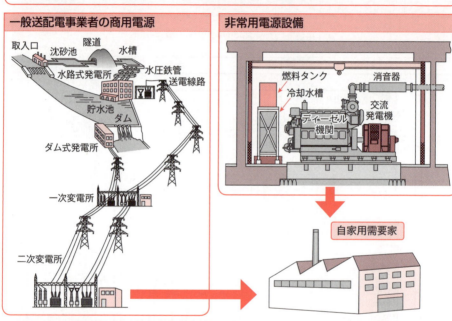

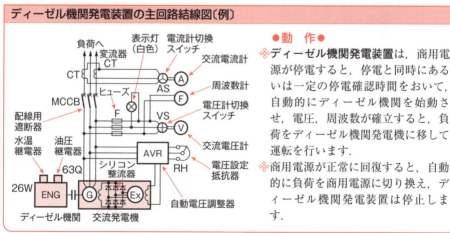

● 動 作 ●

※ **ディーゼル機関発電装置**は，商用電源が停電すると，停電と同時にあるいは一定の停電確認時間をおいて，自動的にディーゼル機関を始動させ，電圧，周波数が確立すると，負荷をディーゼル機関発電機に移して運転を行います．

※ 商用電源が正常に回復すると，自動的に負荷を商用電源に切り換え，ディーゼル機関発電装置は停止します．

1-1 自家用高圧受電設備のしくみと制御

ディーゼル機関発電装置の構成（例） ●空気始動方式

❖ ディーゼル機関発電装置は，ディーゼル機関（エンジン），交流発電機，フライホイル，励磁機および燃料・潤滑油・圧縮空気・冷却水・排気の各系統に属する装置ならびに配電盤などから構成されております．

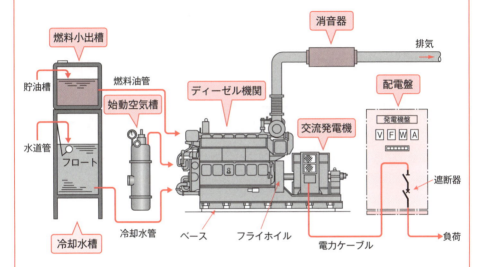

- ディーゼル機関……シリンダ，ピストン，およびピストンと接合棒で連結されたクランク軸などから構成されており，ピストンの上下運動を回転運動に変える構造になっております．
- 交 流 発 電 機……ディーゼル機関の回転運動の機械動力を受けて，交流の電力を発生する回転機をいい，一般に同期発電機が用いられています．
- 始 動 装 置……ディーゼル機関に始動力を与える装置で，圧縮空気による空気始動方式とセルモータによる電気始動方式とがあります．空気始動方式では，コンプレッサ，圧縮空気槽などが設備されます．

●動 作●

❖ 始動装置の動作により始動されたディーゼル機関は，燃料小出槽から，燃料油の供給を受け，発電機室内から空気を吸入して燃焼します．またディーゼル機関は，冷却水槽から冷却水を取り入れて，機関各部を冷却したのちにそれを放出します．交流発電機はディーゼル機関により駆動され，定格回転速度になると，励磁装置の作用により，一定電圧の電力を発電します．配電盤（発電機盤）で遮断器を投入して，発電された電力を負荷に供給します．

自家用高圧受電設備のシーケンス制御の詳しい説明は，第8章をご覧ください．

1-2 電動機・電気炉設備などのしくみと制御

1 電動機設備のしくみと制御

電動機設備とは

❖ **電動機**は，速度の制御が容易であり，短時間の過負荷にも耐えるとともに，遠隔監視制御が容易であることから，シーケンス制御における物体の移動や加工などのプロセスの動力源として多く用いられております。

❖ 電動機制御装置は，運転されるべき機械や設備に簡単に取り付けられる制御器や検出器具と，主回路開閉器や電磁接触器，保護継電器や制御継電器，監視計測器などから構成されます。

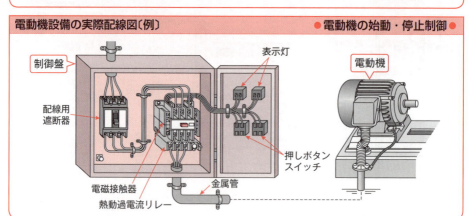

電動機設備の実際配線図（例）　　　　●電動機の始動・停止制御●

電動機制御のいろいろ　　　　●三相誘導電動機の場合●

（1）**じか入れ始動制御**：電動機に最初から電源電圧を加えて始動する制御で，**全電圧始動法**ともいい，比較的容量の小さい電動機に多く用いられます。

（2）**スターデルタ始動制御**：始動時には電動機巻線をスター結線として，電源電圧の $1/\sqrt{3}$ に等しい減圧された電圧を加えて，始動電流を小さくし，加速したらデルタ結線に切り換えて全電源電圧を加え運転する方式をいいます。

（3）**寸動運転制御**：寸動ボタンスイッチを押している間だけ，電動機が回転し，寸動ボタンスイッチを離すと，電動機が停止するような制御をいい，俗に〝チョイ回し〟ともいって，機械を微小運転させるときに用いられます。

（4）**正逆転制御**：電動機を正方向と逆方向の2方向に回転するように切り換えることができる制御をいいます。

（5）**速度制御**：電動機巻線の接続を変えて，その極数を変換し，または電源の周波数を変えて，電動機の速度制御を行います。

（6）**逆相制動制御**：電動機を停止するのに，電源から切り離したのち，三相のうち二相を入れ換えて逆回転させ，急速に停止させる制御をいいます。

電動機制御の実用基本回路の詳しい説明については，第4章をご覧ください。

❷ 電気炉設備のしくみと制御

電気炉設備とは

❖ **電気炉**とは，熱源として電流の熱効果を利用して高温を発生する炉をいいます．電気炉は，高温が容易に得られ，温度調節が容易で，操作が簡単，そして熱効率が高いなどの特徴があり，例えば，金属または合金の加熱，溶解，精錬などに使用されます．

❖ 電気炉などの温度を所定の値に制御することを**温度制御**といい，あらゆる分野で広く採用されております．

電気炉設備の実際配線図〔例〕　　●温度制御●

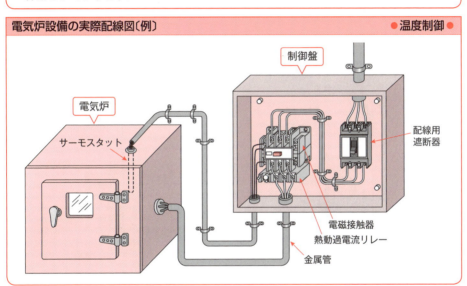

温度制御のいろいろ

❖ 温度制御の温度検出器としては，温度スイッチが用いられます．**温度スイッチ**とは，温度がある目標値に対して，高いか低いかを検出して，ON・OFF信号を出すスイッチをいい，サーモスタットなどが，これにあたります．

〔例〕
(1) **温度スイッチを用いた警報回路**：加熱蒸気などを供給して，タンク内の温度を上昇させる温度制御装置で，タンク内の温度が設定温度以上になると，温度スイッチが動作して，警報を発します．
(2) **三相ヒータの温度制御**：温度スイッチを用いて熱源としての三相ヒータを開閉し，電気炉内の温度を一定に保つとともに所定の温度以上になると警報を発します．
(3) **冷暖房の制御**：室の冷暖房や恒温室の空調などのように，ヒータとクーラとに温度スイッチを組み合わせて，室内の温度をある範囲に保つようにいたします．

温度制御の実用基本回路の詳しい説明については，第5章をご覧ください．

❸ 圧力制御設備のしくみと制御

圧力制御とは

❖**圧力制御**とは，水圧，油圧などの液体圧力あるいは空気圧，ガス圧などの気体圧力を検出して，制御系の圧力の調節または圧力の監視，警報などを行う制御をいいます．

❖圧力制御における圧力監視，圧力検出には，圧力変化によりON，OFFの2位置制御を行う**圧力スイッチ**が用いられます．

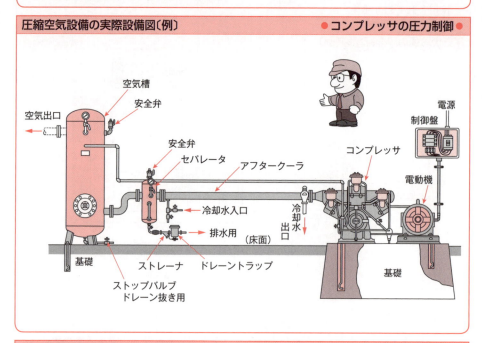

圧縮空気設備の実際設備図〔例〕　　●コンプレッサの圧力制御●

圧力制御のいろいろ

（1）**圧力監視・警報回路**：圧力スイッチと警報器を組み合わせて，制御系が圧力スイッチの設定圧力以上または以下になると，接点が開閉し，警報を発する回路をいいます．

（2）**圧力・電磁弁制御回路**：圧力スイッチと電磁弁および警報器を組み合わせて，制御系が圧力スイッチの設定圧力以上または以下になると，電磁弁を閉じるまたは開くと同時に，警報を発する回路をいいます．

（3）**コンプレッサの圧力制御回路**：二つの圧力スイッチとコンプレッサを組み合わせて，圧力が上昇すると，電動機を停止して，コンプレッサを止め，圧力が下降すると，電動機を始動して，コンプレッサを運転する回路をいいます．

圧力制御の実用基本回路の詳しい説明は，第6章をご覧ください．

④ 時限制御設備のしくみと制御

時限制御とは

❖ **時限制御**とは，入力信号値の変化時から所定の時限(時間)だけ遅れて出力信号値が変化する制御をいい，**時間制御**ともいいます．

❖ 予定の時限(時間)だけ遅れをもって応動することを主目的とするリレーを**タイマ**(限時継電器)といい，時限制御には，このタイマが時限検出器として用いられます．

❖ タイマには，入力信号が与えられてから，設定時限だけ遅れて動作する限時動作瞬時復帰接点と，与えられていた入力信号が切れてから，設定時限だけ遅れて復帰する瞬時動作限時復帰接点とを有するものがあります．

電動送風機の実際配線図（例）

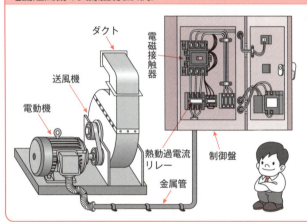

● この配線図では，制御盤に電磁接触器，熱動過電流リレーおよび始動・停止ボタンスイッチだけしか組み込んでありませんが，これにタイマおよび補助リレーを追加することによって，電動送風機の遅延動作運転制御を行うことができます．詳しい説明は7-2項「電動送風機の遅延動作運転回路」をご覧ください．

時限制御のいろいろ

❖ 時限制御には，次のような基本回路があります．

(1) **遅延動作回路**：入力信号，例えばボタンスイッチを押してから，T時間ののちに，自動的に負荷に通電する回路をいいます．

(2) **一定時間動作回路**：入力信号，例えばボタンスイッチを押すと，すぐに負荷に通電し，T時間ののちに自動的に停止する回路をいいます．

(3) **遅延投入・一定時間動作回路**：入力信号，例えばボタンスイッチを押すと，T_1時間ののちに負荷に通電され，T_2時間通電すると自動的に停止する回路をいいます．

(4) **繰返し動作回路**：入力信号，例えばボタンスイッチを押すと，すぐ負荷に通電され，T_1時間ののちに停止するが，T_2時間後に再び通電する動作を繰り返す回路をいいます．

時限制御の実用基本回路の詳しい説明は，第7章をご覧ください．

1-3 空調設備のしくみと制御

① 空調設備のしくみ

空気調和とは

※**空気調和**とは，室内空気の状態を四季を通して，最適にするために必要とする温度，湿度，気流を調整して人工的に気候を作り出すことで，このほかにじんあい，浮遊粉じん，有害物質，ガスなどを除去するなど，常に室内の空気環境を良好な状態に維持することも空気調和といい，単に**空調**ともいいます。

空気調和設備のしくみ〔例〕　　　　　　　　　　　　　　　●全空気方式●

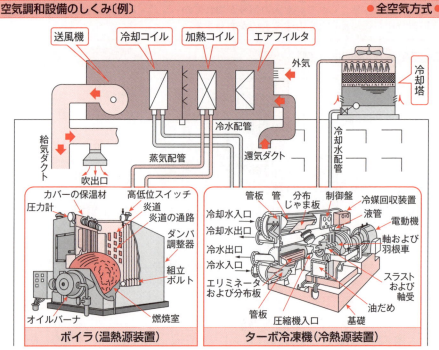

※**空気調和設備**とは，**空調設備**ともいい，温冷熱源機器であるボイラ，冷凍機および付属機器ならびに送風機，ポンプ，冷却塔，各種エアフィルタ，空気洗浄機，熱交換コイル，冷温水配管，ダクト，ダンパ，吹出口，換気口など，空気調和を行うのに必要なすべての設備をいいます。

●ボイラ●

※温熱源としてのボイラは，密閉した容器の中の水を加熱して，蒸気または温水を作る装置で，燃焼装置と燃焼室，ボイラ本体，給水や通風を行う付属設備および自動制御装置，安全弁や水面計などの付属部品で構成されております。

●冷凍機●

※冷熱源としての冷凍機は，熱を奪って冷凍することを主目的とする装置で，ターボ冷凍機，圧縮式冷凍機，吸収式冷凍機などが，空気調和にはよく用いられております。

❷ パッケージ形空気調和機

パッケージ形空気調和機の構造〔例〕

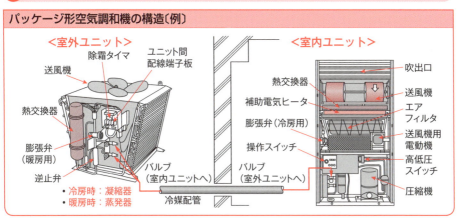

パッケージ形空気調和機の冷房・暖房系統図〔例〕

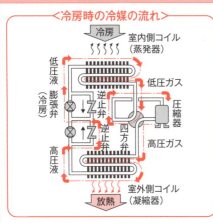
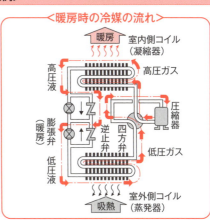

● 原　理 ●

※**冷凍機**は冷媒の性質を利用して熱を奪い，冷却する装置をいいます．上左図において，膨張弁で減圧された冷媒は室内側コイルで蒸発（冷却）し，熱を奪います．次に冷媒は矢印のように圧縮機で室外側コイルに送られ，ここで奪った熱を放出（放熱）し，膨張弁に送られます．このように，室内側で空気の熱を取り去って冷房を行い，この熱を室外側に放熱する働きをしているのです．上右図は四方弁と逆止弁を組み合わせて，冷媒の流れを逆にすると室外側で熱を取り去り，室内側へ放熱すれば，暖房を行うことができます．つまりスイッチの切り換えで，冷房と暖房を切り換えることができます．

空調設備のシーケンス制御の詳しい説明は，第9章をご覧ください．

1-4 エレベータ設備のしくみと制御

❶ エレベータ設備のしくみ

エレベータ設備とは

❖ エレベータは，最近のように，都市開発によるビルの高層化が進むにつれて，縦の交通機関として，もはや日常生活にとって不可欠な必需品となっており，多くの交通機関のなかで，自動化の進んだ設備の一つです．

乗物用歯車なし式エレベータ

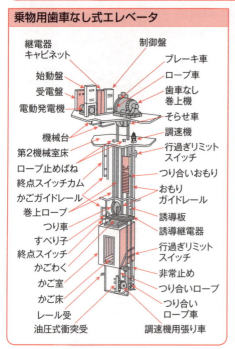

貨物用歯車付きエレベータ

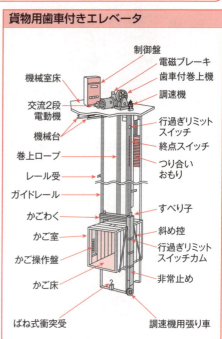

エレベータの制御方式

❖ **エレベータにおける制御**とは，駆動電動機の始動，停止，加速，減速，回転方向の切り換えなどを行うことをいいます．使用される駆動電動機には，交流と直流の2種類があり，交流の場合は，始動，減速の際に電動機回路に抵抗またはリアクトルを挿入，短絡する抵抗制御および抵抗-リアクトル併用制御が行われ，また，直流の場合は，直流電動機に電気的に直結された直流発電機の界磁電流を増減させるワードレオナード方式が一般に行われております．

❖ エレベータの運転には，運転手付き方式，運転手なし方式，併用方式，群管理方式などがあります．運転手なし方式ではケージ（かご室）ボタンや乗場の呼びボタンに応じて始動し，シーケンス制御により目的階に自動的に停止します．群管理方式は，交通需要に応じて，エレベータ群を最も能率的に運転する制御で，コンピュータを使って，最適パターンの自動選択をする制御も行われております．

❷ エレベータ設備の制御

エレベータの制御系統図〔例〕

❖エレベータは，次のような制御回路から構成されております．

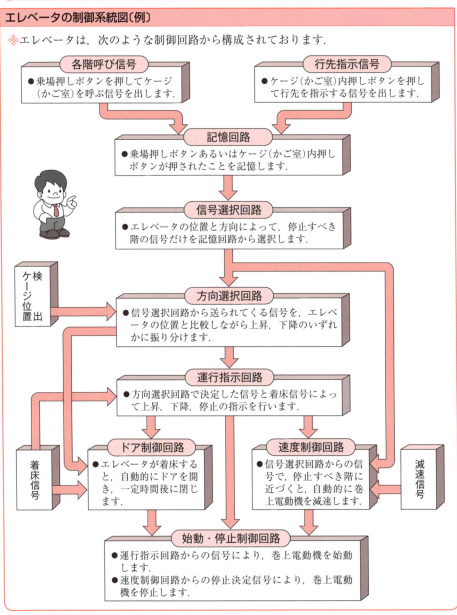

エレベータ設備のシーケンス制御の詳しい説明は，第10章をご覧ください．

1-5 給排水設備のしくみと制御

❶ 給水設備のしくみと制御

給水設備とは

- ビルの衛生設備としての給水設備は，小ビルでは水道本管からビル内の所要箇所へ直接給水する方式がとられておりますが，一般には高架(屋上，高置)水槽方式が用いられております．
- **高架水槽方式**とは，水道本管あるいは井戸揚水ポンプにより，水を一度，受水槽へ貯水した後，ビル内最高位の水栓，または，器具に必要な圧力が得られる高さに設置した高架水槽へ揚水ポンプで揚水し，高架水槽から水の重力により，ビル内の必要箇所へ給水する方式をいいます．

給水設備のしくみ〔例〕　　　　　　　　　　　　　　　　　　●給水制御●

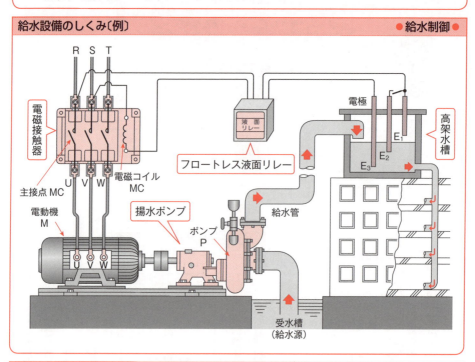

給水制御のいろいろ

- 給水制御においては，各水槽に制御器として，フロートスイッチまたはフロートレス液面リレーの電極を取り付けて，水位の検出を行います．
- **給水制御**とは，高架水槽の水位が下限水位 E_2（上図参照）まで低下すると，揚水ポンプが自動的に始動，運転して，受水槽（給水源）から水をくみ上げ，また，高架水槽の水位が上限水位 E_1 まで上昇すると，揚水ポンプは，自動的に運転を停止して，水のくみ上げを止めることをいいます．なお，高架水槽の水位が，何らかの事故で，E_2 より，さらに低下した場合に，異常渇水の警報を発するようにすることもあります．

❷ 排水設備のしくみと制御

排水設備とは

❖ ビルの衛生設備としての排水設備は，ボイラ，冷凍機などの機械類からの排水，洗面所，水飲所，浴室などからの排水，降雨水，湧水などの自然水で不要な水，そして汚水などを，ビル内の地下に設けられた集水タンク，排水槽，汚水タンクから排水ポンプなどにより，ビル外の下水道に排水する方式が用いられております．

排水設備のしくみ〔例〕　　●排水制御●

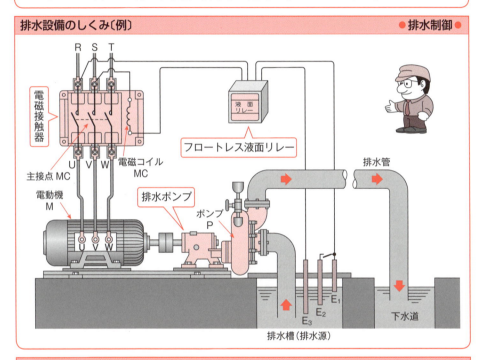

排水制御のいろいろ

❖ 排水制御においては，排水槽に制御器として，フロートスイッチまたはフロートレス液面リレーの電極を取り付けて，水位の検出を行います．

❖ **排水制御**とは，排水槽の水位が上限水位 E_1（上図参照）まで上昇すると，排水ポンプが自動的に始動，運転して，排水槽（排水源）から排水をくみ上げて，下水道に流し，また，排水槽の水位が下限水位 E_2 まで低下すると，排水ポンプは，自動的に運転を停止して，排水のくみ上げを止めることをいいます．なお，排水槽の水位が，何らかの事故で，上限水位 E_1 よりさらに上昇した場合に，異常増水の警報を発するようにすることもあります．

給排水設備のシーケンス制御の詳しい説明は，第11章をご覧ください．

1-6　コンベヤ設備のしくみと制御

1　コンベヤ設備のしくみ

コンベヤ設備とは

※コンベヤ設備は，最近の産業発展に伴って，各種生産設備の規模の拡大，設備内容の複雑化が著しくなり，これにつれて企業業務の合理化，生産能率の向上，操業の安全性，省力化が強くさけばれているなかで，基本的な運搬設備として広く利用されております．

コンベヤ設備の実際配線図（例）

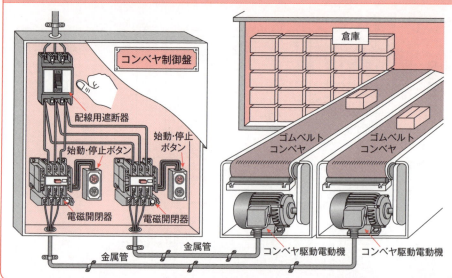

コンベヤ設備のいろいろ

（1）　**ゴムベルトコンベヤ**：最も普及しているコンベヤで，ベルトの構造は，合成繊維の強力なもの，スチールを使いゴム被覆したものなどがあり，工場の作業ラインから補給ライン，仕分けラインなどに広く利用されています．

（2）　**金網ベルトコンベヤ**：金網を使用したコンベヤで，乾燥用，水切り用などに使用されております．

（3）　**チェーンコンベヤ**：2条のチェーンに木製または鉄板のスラットをチェーンアタッチメントに取り付けたコンベヤで，傾斜と水平とがあります．

（4）　**トロリーコンベヤ**：オーバフットチェーンコンベヤともいい，天井からつるしたIビーム，その他のレールにトロリーを入れ，これをチェーンで結びドライブします．

（5）　**ローラコンベヤ**：ローラの下面にゴムベルトを張り，ベルトを駆動します．この方式であれば，物の底面ででこぼこでも送ることができます．

❷ コンベヤ設備の制御

コンベヤの制御方式

(1) **集中押しボタン制御**：中央電気室にコンベヤ駆動用電動機ごとの操作用押しボタンスイッチまたは捻回制御開閉器を設けて，コンベヤの運転，停止を1台ずつプロセス，または発停の順序を考慮したインタロックを取りながら順次操作していく方式をいいます．

(2) **主幹連動制御**：中央に主幹制御開閉器を設け，そのノッチ操作によって，駆動電動機の始動，停止を行い，かつコンベヤ間のインタロックを取りながら順次操作する方式をいいます．

(3) **時限連動制御**：主制御開閉器の操作か，ホッパ，タンクなどのレベル信号のような他の発信信号により，自動的に運転，停止を所定の時間間隔をとりながら行う方式をいいます．

コンベヤの順序始動・順序停止制御

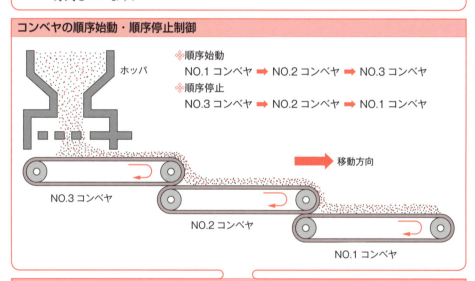

❋順序始動
NO.1 コンベヤ ➡ NO.2 コンベヤ ➡ NO.3 コンベヤ
❋順序停止
NO.3 コンベヤ ➡ NO.2 コンベヤ ➡ NO.1 コンベヤ

順序始動	順序停止

❋例えば，3台のコンベヤを直列に配置し，その送り方向が，No.3 → No.2 → No.1 であるものとします．いま，No.1コンベヤが停止しているときに，No.2，No.3のコンベヤが運転され，品物が次々に送り込まれてくると，品物はNo.1コンベヤとNo.2コンベヤの間に滞ってしまいます．したがって，コンベヤ系統の始動は，終端からNo.1，No.2，No.3の順序で行い，停止は逆に始めの側からNo.3，No.2，No.1の順序で行い，途中で滞荷が起こらないようにすることを**順序始動・順序停止制御**といいます．

コンベヤ設備のシーケンス制御の詳しい説明は，第12章をご覧ください．

1-7　ポンプ設備のしくみと制御

❶ ポンプ設備のしくみ

ポンプ設備とは

❖ 最近，各種用途のポンプ設備は大形化し，工場，ビルにおいても合理化の要請と経済的な見地からも，いっそう高度な自動化が要求されるようになってきております。

❖ **ポンプ**とは，液体を遠方へあるいは低所から高所へ輸送する設備をいい，うず巻きポンプや軸流ポンプのように羽根車の遠心力作用によって液体に運動エネルギーを与えて送り出す設備をいいます。

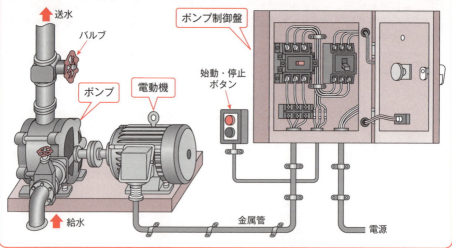

ポンプ設備の実際配線図〔例〕　●小形ポンプの場合●

ポンプ設備の制御方式

(1) **全自動方式**：この方式は，単に自動操作を行うだけの場合と，始動・停止を自動的に行うだけでなく，各種調節部を自動制御する方式とがあります。この制御の簡単なものは，フロートスイッチや圧力スイッチにより，自動運転する小形ポンプ設備において，よく採用されております。

(2) **1人制御方式**：この方式は，都市の上水道ポンプ設備によく採用されております。これは単に始動・停止の指令を操作スイッチによって与えるだけで，そのポンプの一連の始動・停止操作が自動的に順序よく行われるので，少数の運転員で充分な運転を行うことができます。

(3) **遠隔制御方式**：この方式は，1人制御方式と制御内容は，ほとんど変わりはないのですが，ポンプ場を無人化し，ポンプの運転操作は，すべて遠方の操作室から1人で制御する方式をいいます。

ポンプ設備のシーケンス制御の詳しい説明は，第13章をご覧ください。

第2章
シーケンス制御の基礎知識

この章のポイント

　この章では，実際の電気設備のシーケンス制御を理解するにあたって，どうしても知っておかなくてはならないシーケンス制御の基礎的な知識を習得することにいたしましょう．

（1）　シーケンス制御に用いられているおもな制御機器の構造と，その動作のしかたが詳しく示してあります．

（2）　おもな制御機器の電気用図記号を JIS C 0617（電気用図記号）の規定に基づいて，一覧表にまとめておきました．とくに，押しボタンスイッチ，電磁リレー，電磁接触器など，開閉接点を有する機器の電気用図記号とその書き方を詳しく説明してあります．

（3）　シーケンス図に用いられるシーケンス制御記号としての文字記号と制御器具番号を，それぞれ分類して表にまとめておきました．ぜひ，覚えておきましょう．

（4）　シーケンス図における電気用図記号の状態，ならびにシーケンス図の表し方の基本的な決まりについて，順序だてて説明してあります．

（5）　この本では，開閉接点に関し，JIS C 0617（電気用図記号）で規定しているメーク接点，ブレーク接点，切換接点の呼称を用いておりますが，この章では，旧 JIS C 0301 で規定されていた a 接点，b 接点，c 接点の呼称も参考として一部併記しておきました．

2-1　シーケンス制御機器のしくみと動作

❶ 押しボタンスイッチ・トグルスイッチとリミットスイッチ

押しボタンスイッチ

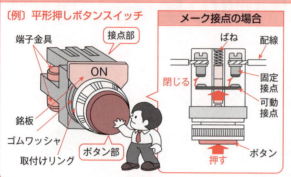

※**押しボタンスイッチ**とは，ボタンを押している間だけ，接点が開または閉となり，ボタンから手を離すと，スイッチの内部にあるばねの力でもとに戻る制御用操作スイッチをいいます．

※ボタンを押すと，可動接点が移動して固定接点と接触し，閉じる接点をメーク接点（a接点）といいます．

トグルスイッチ

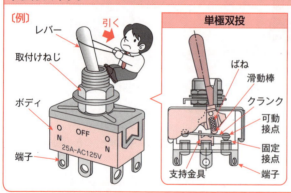

※**トグルスイッチ**とは，指先でレバーを直線的に往復運動させ，これを機械的に接点部に伝えて，電路の開閉操作を行う制御用操作スイッチをいいます．

※レバーを前後しますと，レバーの動きは，取付けねじを中軸として，滑動棒が動き，クランクの中央を軸として，接点の切換えを行います．

リミットスイッチ

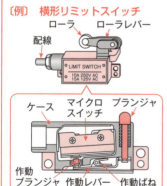
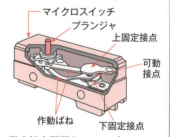

※**リミットスイッチ**とは，機器の運動行程中の定められた位置で，動作する検出スイッチで，マイクロスイッチをケースに封入して，耐油，耐水などの保護構造を付加したスイッチをいいます．

※**マイクロスイッチ**とは，微小接点間隔とスナップアクション機構を持ち，規定された動きと，規定された力で開閉動作をする接点機構がケースでおおわれ，その外部にプランジャを備え，小形につくられたスイッチをいいます．

❷ 熱動過電流リレー・配線用遮断器と表示灯

熱動過電流リレー ●サーマルリレー●

〔例〕

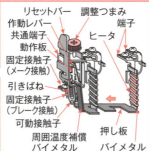

傍熱形

主回路端子／調整つまみ／リセットバー／調整つまみ／作動レバー／端子／共通端子／ヒータ／動作板／固定接触子（メーク接触）／引きばね／固定接触子（ブレーク接触）／可動接触子／押し板／周囲温度補償バイメタル／バイメタル

※熱動過電流リレーは，一般にサーマルリレーともいい，短冊形のヒータとバイメタルを組み合わせた熱動素子および操作回路の早入り早切り機構の接点部から構成されております．

※電動機に過負荷または拘束状態などで異常電流が流れると，ヒータの発熱によりバイメタルが一定量以上わん曲し，これに連結した連動機構を介して，接点機構部を動作させます．接点が電磁接触器の電磁コイル回路を開き，異常電流による電動機の焼損を防止します．

配線用遮断器 ●ノーヒューズブレーカ●

〔例〕

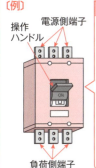

電磁引きはずし形

操作ハンドル／電源側端子／可動接触子／電源側端子／固定接触子／消弧板／開閉機構／操作ハンドル／ラッチ機構／可動鉄片／モールドケース／電流コイル／負荷側端子／負荷側端子／電磁極

※配線用遮断器は，一般にノーヒューズブレーカともいい，低圧開閉器盤などに組み込まれて，低圧幹線および分岐回路の負荷電流の開閉はもとより，過負荷および短絡などの事故の場合には，自動的に回路を遮断します．

※配線用遮断器は，リンク機構，ラッチ機構，遮断ばねなどから構成され，正常の負荷状態における開閉操作は，操作ハンドルを「切」「入」することにより行います．また，過電流および短絡時には，電磁引はずし機構と連動して回路を遮断します．

表示灯 ●記名式表示灯●

〔例〕

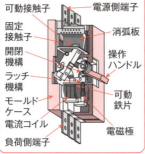

変圧器式

照光部／シール用ゴムパッキン／電球／レンズカバー／カバー固定リング／調節用ゴム／取付けリング／パッキン受金／本体カバー／口金／ボディ／変圧器／端子／ソケット部（変圧器内蔵）／端子カバー／端子ねじ

※表示灯は，ランプとレンズを組み合わせた照光部と電圧を降下するための変圧器を内蔵したソケット部から構成されています．

※表示灯は，電源表示，被制御機器の運転停止表示，故障表示，シーケンス制御の進行表示などに用いられます．

※記名式表示灯は，灯蓋照光部にメタクリル樹脂板を使用し，フィルタに任意の文字を彫刻できます．さらに，裏面に着色アクリル板を挿入し，点灯時にフィルタを通して，色文字を表示する表示灯をいいます．

※最近では，発光ダイオードが発光体として用いられている表示灯があります．

29

❸ 電磁リレーと電磁接触器

電磁リレー

〔例〕ヒンジ形電磁リレー

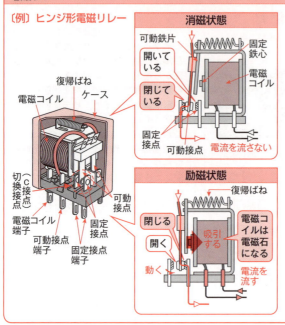

- ❖ 電磁リレーとは，電磁力によって接点を開閉する機能を持った機器の総称をいい，有接点シーケンス制御に使用される機器の中枢をなすものです．
- ❖ 電磁リレーは，その電磁コイルに電流が流れると(励磁という)，固定鉄心が電磁石となり，可動鉄片を吸引し，これに連動して，可動接点が移動して固定接点と接触あるいは離れることによって回路の開閉を行います．また，電磁コイルの電流を切ると（消磁という），固定鉄心が電磁石でなくなりますので，復帰ばねの力により，元の状態に戻ります．
- ❖ 電磁リレーの接点には，メーク接点（a接点），ブレーク接点（b接点），切換接点（c接点）があります．

電磁接触器

〔例〕プランジャ形電磁接触器

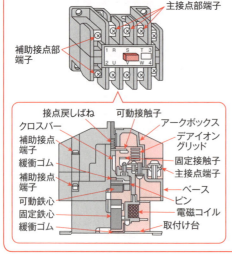

- ❖ 電磁接触器は，モールドフレーム内の上部に主接点部・補助接点部，下部に電磁コイルが組み込まれており，電磁リレーを大形にしたようなもので，電力回路の負荷電流の開閉に使用されます．
- ❖ 電磁コイルに電流が流れると，固定鉄心が電磁石となり，可動鉄心が接点戻しばねの力に打ち勝って下方に吸引され，主接点および補助接点の可動接点は，可動鉄心に連動して，同時に下方に力を受け，固定接点との間で接点の開閉を行います．
- ❖ 電磁接触器が小形の電磁リレーと構造上異なるのは，主接点の他に，補助接点を有することです．主接点というのは，電動機主回路のような，大きな電流を流しても，安全なような大電流容量の接点をいいます．また，補助接点というのは，小形の電磁リレーの接点と同じように，小さな電流容量の接点をいいます．

2-2 電気用図記号の表し方

❶ 開閉接点の図記号と動作

開閉接点の図記号

※この本の開閉接点の図記号は，国際規格である IEC 60617 に準拠した JIS C 0617（電気用図記号）に規定されている電気用図記号を用いておりますが，この項では，旧 JIS C 0301 の電気用図記号も参考までに一部併記してあります．

メーク接点の図記号　　　　　　　　　　　　　　　　　　　● a 接点 ●

- ● 手動操作自動復帰メーク（a）接点 ●
- ※手動操作自動復帰メーク（a）接点とは，手で操作すると，接点は「閉路」し，手を離すと，ばねの力により，自動的に元の開いた状態に戻る接点をいいます．
- ●押しボタンスイッチのメーク（a）接点が該当しますので，下記に示します．

〔例〕押しボタンスイッチ

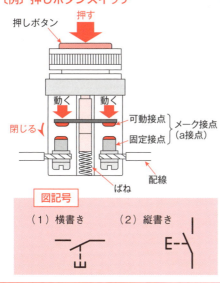

- ● 電磁操作自動復帰メーク（a）接点 ●
- ※電磁操作自動復帰メーク（a）接点とは，電磁コイルに電流を流すと「閉路」し，電流を切ると，ばねの力により，自動的に元の開いた状態に戻る接点をいいます．
- ●電磁リレーのメーク（a）接点が該当しますので，下記に示します．

〔例〕ヒンジ形電磁リレー

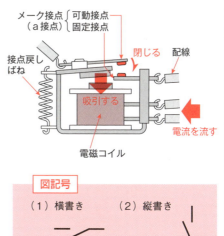

開閉接点の呼び方　　　　　　　　　　　　　　　　　　　● JIS C 0617 ●

※ JIS C 0617（電気用図記号）では，開閉接点を**メーク接点**（make contact），**ブレーク接点**（break contact），**切換接点**（change-over contact）と呼称しております．

※旧 JIS C 0301 では，メーク接点を **a 接点**（arbeit contact），ブレーク接点を **b 接点**（break contact），切換接点を **c 接点**（change-over contact）と表しておりましたので，この項では a 接点，b 接点，c 接点の呼称も一部併記してあります．

❶ 開閉接点の図記号と動作（つづき）

ブレーク接点の図記号　　　　　　　　　　　　　　　　●b接点●

●手動操作自動復帰ブレーク（b）接点●
※ **手動操作自動復帰ブレーク（b）接点**とは，手で操作すると，接点は「開路」し，手を離すと，ばねの力により，自動的に元の閉じた状態に戻る接点をいいます．
- 押しボタンスイッチのブレーク（b）接点が該当しますので，下記に示します．

〔例〕押しボタンスイッチ

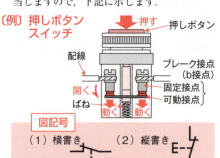

●電磁操作自動復帰ブレーク（b）接点●
※ **電磁操作自動復帰ブレーク（b）接点**とは，電磁コイルに電流を流すと「開路」し，電流を切ると，ばねの力により，自動的に元の閉じた状態に戻る接点をいいます．
- 電磁リレーのブレーク（b）接点が該当しますので，下記に示します．

〔例〕ヒンジ形電磁リレー

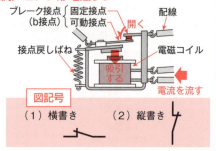

切換接点の図記号　　　　　　　　　　　　　　　　●c接点●

●手動操作自動復帰切換（c）接点●
※ **手動操作自動復帰切換（c）接点**とは，手で操作すると，メーク（a）接点部は「閉路」し，ブレーク（b）接点部は「開路」します．手を離すと，ばねの力により，自動的に元の状態に戻る接点をいいます．
- 押しボタンスイッチの切換（c）接点が該当しますので，下記に示します．

〔例〕押しボタンスイッチ

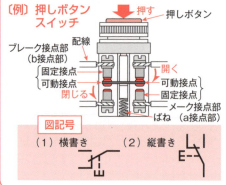

●電磁操作自動復帰切換（c）接点●
※ **電磁操作自動復帰切換（c）接点**とは，電磁コイルに電流を流すと，メーク（a）接点部は「閉路」し，ブレーク（b）接点部は「開路」します．電流を切ると，ばねの力により，自動的に元の状態に戻る接点をいいます．
- 電磁リレーの切換（c）接点が該当しますので，下記に示します．

〔例〕ヒンジ形電磁リレー

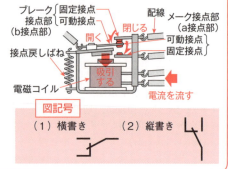

❷ おもな開閉接点の図記号

―JIS C 0617-7（電気用図記号・第7部開閉装置，制御装置及び保護装置）―

開閉接点名称		JIS図記号（JIS C 0617）		旧JIS図記号（旧JIS C 0301）	
		メーク接点	ブレーク接点	a接点	b接点
電力用接点	電力用接点	(07-02-01)	(07-02-03)		
	自動復帰する接点	(07-06-01)	(07-06-03)		
	残留機能付き接点	(07-06-02)	(参考)		
	リミットスイッチ	(07-08-01)	(07-08-02)		
	電磁接触器接点	(07-13-02)	(07-13-04)		
継電器接点	継電器接点	(07-02-01)	(07-02-03)		
	残留機能付き接点	(07-06-02)	(参考)		
	限時動作瞬時復帰接点	(07-05-01)	(07-05-03)		
	瞬時動作限時復帰接点	(07-05-02)	(07-05-04)		

注：（　）内の数値は，JIS C 0617 に規定されている図記号の番号を示します。

33

❸ 開閉接点図記号と接点機能図記号

❖ 開閉接点の電気用図記号（JIS C 0617）は，開閉接点図記号に接点機能図記号または操作機構図記号を組み合わせて表します。

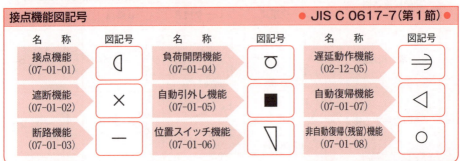

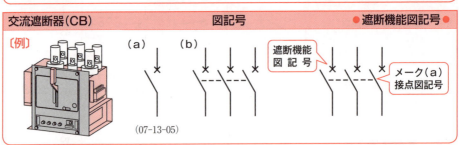

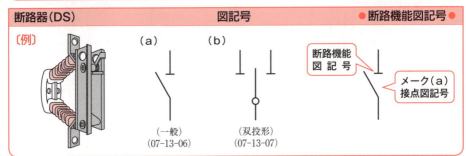

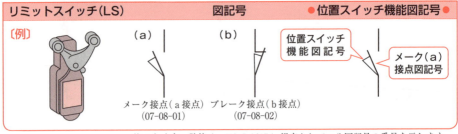

注：（ ）内の数値は，JIS C 0617 に規定されている図記号の番号を示します。

④ 開閉接点図記号と操作機構図記号

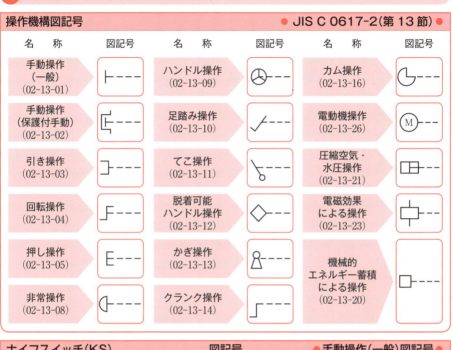

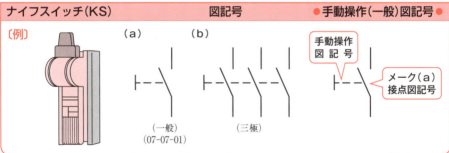

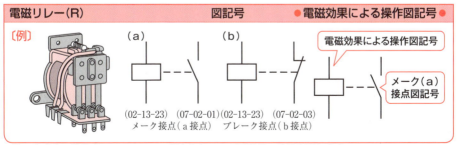

注：（　）内の数値は，JIS C 0617 に規定されている図記号の番号を示します。

❺ よく用いられる電気機器の図記号

機器名称	JIS 図記号（JIS C 0617）	旧 JIS 図記号（旧 JIS C 0301）
配線用遮断器（MCCB） 	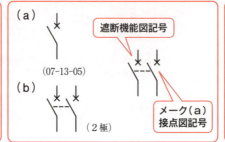	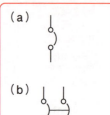
押しボタンスイッチ（PBS）	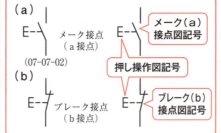	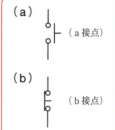
リミットスイッチ（LS） 	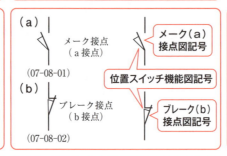	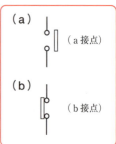
ヒューズ付断路器（DS） 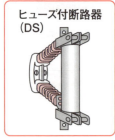	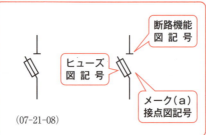	

注：（　）内の数値は，JIS C 0617 に規定されている図記号の番号を示します。

2-2 電気用図記号の表し方

機器名称	JIS 図記号（JIS C 0617）	旧 JIS 図記号（旧 JIS C 0301）
電磁リレー（R）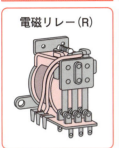	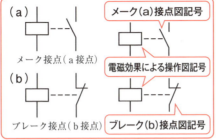	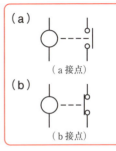
電磁接触器（MC）	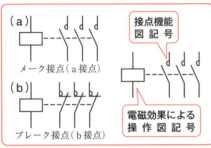	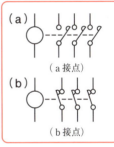
タイマ（TLR）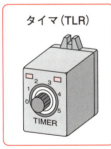	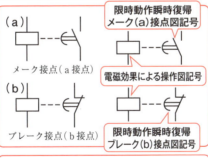	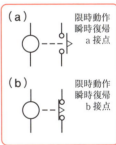
熱動過電流リレー（サーマルリレー）（THR）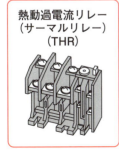	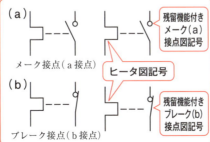	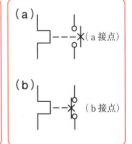

37

❺ よく用いられる電気機器の図記号（つづき）

機器名称	JIS 図記号（JIS C 0617）	摘　要
抵　抗（R） 抵抗器	(a)　　(b)　　(c) 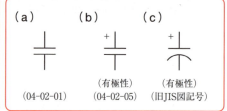 (04-01-01)　(旧JIS図記号)　(旧JIS図記号)	● (c) は特に無誘導を示す場合に用いる ● 可変抵抗器 (04-01-03)
コンデンサ (C) 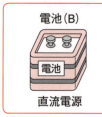	(a)　　(b)　　(c) 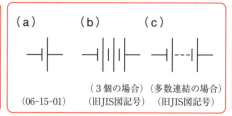 (04-02-01)　(有極性)　(有極性) 　　　　　(04-02-05)　(旧JIS図記号)	● 両極の間隔は、極の長さの1/5〜1/3とする ● 可変コンデンサ  (04-02-07)
電池 (B) 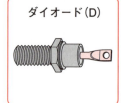 直流電源	(a)　　(b)　　(c) 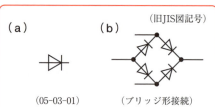 　　　　（3個の場合）（多数連結の場合） (06-15-01)　(旧JIS図記号)　(旧JIS図記号)	● 極性は長線を陽極、短線を陰極とする紛らわしいときは 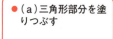 としてもよい (旧JIS図記号)
ダイオード (D) 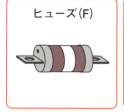	(a)　　　(b)　　(旧JIS図記号) 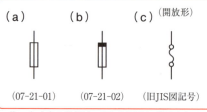 (05-03-01)　(ブリッジ形接続)	● (a) 三角形部分を塗りつぶす (旧JIS図記号)
ヒューズ (F) 	(a)　　(b)　　(開放形) 　　　　　　　(c) 　　 (07-21-01)　(07-21-02)　(旧JIS図記号)	● (b) 電源側を太線で表してもよい ● 警報ヒューズ (07-21-05)

注：（　）内の数値は、JIS C 0617 に規定されている図記号の番号を示します。

機器名称	JIS 図記号（JIS C 0617）	摘　　要
変圧器(T) 	(a)　　　　　(b) 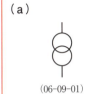 (06-09-01)　　(06-09-02)	三相変圧器 Y△接続  (06-10-07)
電動機(M) 発電機(G)	(a)　　　(b)　　　(c) （電動機）（発電機）（発電電動機） (06-04-01) (06-04-01) (06-04-01)	●特に交流・直流と区別を必要とする場合 交流の　　直流の 場合　　　場合
ランプ(L) 	(a)　　　　　(b) (08-10-01)　（旧JIS図記号） RD－赤　　BU－青　　RL－赤　　GL－緑 YE－黄　　WH－白　　OL－黄赤　BL－青 GN－緑　　　　　　　YL－黄　　WL－白	●例 RDL (08-10-01) ●例 RL 赤色ランプ （旧JIS図記号）
ベル(BL) 	(a)　　　　　(b) (BEL) (08-10-06)　（旧JIS図記号）	● （旧JIS図記号）
ブザー(BZ) 	(a)　　　　　(b) 　　(BZ) (08-10-10)　（旧JIS図記号）	● （旧JIS図記号）

注：（　）内の数値は，JIS C 0617 に規定されている図記号の番号を示します。

2-3 シーケンス制御記号の表し方

1 シーケンス制御記号とはどういうものか

シーケンス制御記号（文字記号）とは

※シーケンス制御記号は，制御機器の名称を略号化し，**文字記号**としたもので，機器の名称を示す英文名の頭文字を大文字で列記するのを原則とします．この文字記号としてのシーケンス制御記号には，日本電機工業会規格 JEM 1115（配電盤・制御盤・制御装置の用語及び記号）があります．

●シーケンス制御記号（文字記号）の例●

機器名	配線用遮断器	押しボタンスイッチ	限時継電器
英文名	Molded Case Circuit Breaker	Push Button Switch	Time-Lag Relay
文字記号	MCCB	PBS	TLR

シーケンス制御記号（文字記号）

	機器名称	文字記号	機器名称	文字記号	機器名称	文字記号	機器名称	文字記号
スイッチおよび遮断器類	空気遮断器	ABB	ヒューズ	F	レベルスイッチ	LVS	スイッチ	S
	気中遮断器	ACB	界磁遮断器	FCB	磁気遮断器	MBB	速度スイッチ	SPS
	電流計切換スイッチ	AS	フロートスイッチ	FLTS	電磁接触器	MC	タンブラスイッチ	TS
	ボタンスイッチ	BS	界磁スイッチ	FS	配線用遮断器	MCCB	真空遮断器	VCB
	遮断器	CB	足踏スイッチ	FTS	油遮断器	OCB	真空スイッチ	VCS
	切換スイッチ	COS	ガス遮断器	GCB	柱上気中開閉器	PAS	電圧計切換スイッチ	VS
	制御用操作スイッチ	CS	高速度遮断器	HSCB	電力ヒューズ	PF	制御器	CTR
	断路器	DS	ナイフスイッチ	KS	圧力スイッチ	PRS	始動器	STT
	非常スイッチ	EMS	リミットスイッチ	LS	ロータリスイッチ	RS	スターデルタ始動器	YDS
継電器類	継電器	R	過電流継電器	OCR	圧力継電器	PRR	熱動継電器	THR
	周波数継電器	FR	欠相継電器	OPR	電力継電器	PWR	限時継電器	TLR
	地絡継電器	GR	地絡過電圧継電器	OVGR	時延継電器	TDR	不足電圧継電器	UVR

❷ おもな機器記号・機能記号の表し方

シーケンス制御記号（文字記号）

電源

機器名称	文字記号	機器名称	文字記号	機器名称	文字記号	機器名称	文字記号
交　　　流	AC	高　　　圧	HV	三　　　相	3φ	接　　　地	E
直　　　流	DC	低　　　圧	LV	単　　　相	1φ	地　　　絡	G

回転機

機器名称	文字記号	機器名称	文字記号	機器名称	文字記号	機器名称	文字記号
発　電　機	G	直流発電機	DG	誘導電動機	IM	電動発電機	MG
電　動　機	M	直流電動機	DM	同期電動機	SM	回転速度計発電機	TG

変圧器

機器名称	文字記号	機器名称	文字記号	機器名称	文字記号	機器名称	文字記号
変　圧　器	T	零相変流器	ZCT	計器用変圧変流器	VCT	誘導電圧調整器	IVR
変　流　器	CT	計器用変圧器	VT	接地変圧器	GT	単巻変圧器	AT

計器

機器名称	文字記号	機器名称	文字記号	機器名称	文字記号	機器名称	文字記号
電　流　計	AM	時　間　計	HM	圧　力　計	PG	電　圧　計	VM
周波数計	FM	最大需要電力計	MDWM	液　面　計	LI	無効電力計	VARM
流　量　計	FLM	回　転　計	NM	温　度　計	THM	電　力　計	WM
検　電　器	VD	力　率　計	PFM	熱　電　対	THC	電力量計	WHM

その他

機器名称	文字記号	機器名称	文字記号	機器名称	文字記号	機器名称	文字記号
電　　　池	B	コンデンサ	C	電磁ブレーキ	MB	表　示　灯	SL
ベ　　　ル	BL	ケーブルヘッド	CH	電磁クラッチ	MCL	電　磁　弁	SV
充　電　器	BC	ヒ　ー　タ	H	電　動　弁	MOV	引はずしコイル	TC
ブ　ザ　ー	BZ	保持コイル	HC	過電流引はずしコイル	OTC	不足電圧引はずしコイル	UVC

機能記号

機能名称	文字記号	機能名称	文字記号	機能名称	文字記号	機能名称	文字記号
自　　　動	AUT	発電制動	DB	増	INC	逆	R
補　　　助	AX	減	DEC	瞬　　　時	INS	右	R
制　　　動	B	非　　　常	EM	左	L	運　　　転	RUN
後	BW	正	F	低	L	復　　　帰	RST
制　　　御	C	前	FW	手　　　動	MAN	始　　　動	ST
閉	CL	高	H	開路・切	OFF	設　　　定	SET
切　換　え	CO	寸　　　動	ICH	閉路・入	ON	停　　　止	STP
下　　　降	D	インタロック	IL	開	OP	上　　　昇	U

シーケンス制御記号についての詳しい説明は，「絵ときシーケンス制御読本（入門編）」（オーム社発行）の5-1項をご覧ください．

2-4　制御器具番号の表し方

❶ 制御器具番号とはどういうものか

制御器具番号とは

❉ **制御器具番号**は，日本電機工業会規格 JEM-1090（制御器具番号）を基本とする制御器具に定められた固有の番号で，1 から 99 までの「**基本器具番号**」と，制御器具の種類，性質，用途などをアルファベットをもとにした「**補助記号**」から構成されております。

❉ 制御器具番号は，シーケンス制御において，一種の専門用語として通用する番号ですが，機器の機能そのものを示す思考的なつながりがないため，ただ記憶することが必要です(43, 44 ページの基本器具番号の一覧表を，ご覧ください)。

制御器具番号の構成のしかた

[基本器具番号]

〔例〕　52……交流遮断器(交流回路を遮断・開閉する遮断器をいいます)
　　　　4……主制御回路用継電器(主制御回路を開閉する継電器をいいます)
　　　　8……制御電源スイッチ(制御電源を開閉するスイッチをいいます)

[基本器具番号]　　[基本器具番号]

〔例〕　3-52……交流遮断器操作スイッチ（3：操作スイッチ / 52：交流遮断器）
　　　43-95……周波数継電器切換スイッチ（43：制御回路切換スイッチ / 95：周波数継電器）
　　　48-24……タップ切換渋滞検出継電器（48：渋滞検出継電器 / 24：タップ切換装置）

[基本器具番号]　　[補助記号]

〔例〕　27A……空気圧縮機用不足電圧継電器（27：交流不足電圧継電器 / A：空気圧縮機）
　　　88F……ファン用電磁接触器(88：補機用電磁接触器，F：ファン)
　　　51Q……圧油ポンプ用交流過電流継電器（51：交流過電流継電器 / Q：圧油ポンプ）

[基本器具番号]　　[補助記号]　　[補助記号]

〔例〕　88WCG……ガス冷却水ポンプ用電磁接触器(WC：冷却水ポンプ，G：ガス)
　　　52HP　……所内変圧器一次用交流遮断器(H：所内，P：一次)
　　　88AB　……制動用空気圧縮機用電磁接触器(A：空気圧縮機，B：制動)

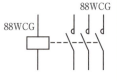

❷ 基本器具番号と補助記号

基本器具番号と器具名称

番号	器具名称
1	主幹制御器・スイッチ
2	始動・閉路限時継電器
3	操作スイッチ
4	主制御回路用制御器・継電器
5	停止スイッチ・継電器
6	始動遮断器・接触器・継電器
7	調整スイッチ
8	制御電源スイッチ
9	界磁転極スイッチ・継電器
10	順序スイッチ・プログラム制御器
11	試験スイッチ・継電器
12	過速度スイッチ・継電器
13	同期速度スイッチ・継電器
14	低速度スイッチ・継電器
15	速度調整装置
16	表示線監視継電器
17	表示線継電器
18	加速・減速接触器
19	始動-運転切換接触器
20	補機弁
21	主機弁
22	漏電遮断器・継電器
23	温度調整装置・継電器
24	タップ切換装置
25	同期検出装置

番号	器具名称
26	静止器温度スイッチ・継電器
27	交流不足電圧継電器
28	警報装置
29	消火装置
30	機器の状態・故障表示装置
31	界磁変更遮断器・接触器
32	直流逆流継電器
33	位置検出スイッチ・装置
34	電動順序制御器
35	スリップリング短絡装置
36	極性継電器
37	不足電流継電器
38	軸受温度スイッチ・継電器
39	機械的異常監視装置
40	界磁電流・界磁喪失継電器
41	界磁遮断器・接触器・スイッチ
42	運転遮断器・接触器・スイッチ
43	制御回路切換接触器・スイッチ
44	距離継電器
45	直流過電圧継電器
46	逆相・相不平衡電流継電器
47	欠相・逆相電圧継電器
48	渋滞検出継電器
49	回転機温度スイッチ・継電器
50	短絡・地絡選択継電器

番号	器具名称
51	交流過電流継電器
52	交流遮断器・接触器
53	励磁継電器・励弧継電器
54	高速度遮断器
55	力率継電器・自動力率調整器
56	すべり検出器・脱調継電器
57	電流継電器・自動電流調整器
58	（予備番号）
59	交流過電圧継電器
60	電圧平衡継電器
61	電流平衡継電器
62	停止・開路限時継電器
63	圧力スイッチ・継電器
64	地絡過電圧継電器
65	調速装置
66	断続継電器
67	地絡方向継電器
68	混入検出器
69	流量スイッチ・継電器
70	加減抵抗器
71	整流素子故障検出装置
72	直流遮断器・接触器
73	短絡用遮断器・接触器
74	調整弁
75	制動装置

2-4 制御器具番号の表し方

❷ 基本器具番号と補助記号（つづき）

基本器具番号と器具名称

番号	器具名称
76	直流過電流継電器
77	負荷調整装置
78	搬送保護位相比較継電器
79	交流再閉路継電器
80	直流不足電圧継電器

番号	器具名称
86	ロックアウト継電器
87	差動継電器
88	補機用遮断器・接触器
89	断路器・負荷開閉器
90	自動電圧調整器

番号	器具名称
96	静止器内部故障検出装置
97	ランナ
98	連結装置
99	自動記録装置

番号	器具名称
81	調速機駆動装置
82	直流再閉路継電器
83	選択スイッチ・継電器
84	電圧継電器
85	信号継電器

番号	器具名称
91	自動電力調整器・電力継電器
92	とびら・ダンパ
93	（予備番号）
94	引外し自由接触器・継電器
95	周波数継電器

補助記号とその内容

番号	おもな内容
A	交流, 自動, 風, 空気, 増幅, 電流, 空気圧縮機
B	断線, 側路, ベル, 電池, 母線, 制動, 遮断, 軸受
C	共通, 冷却, 投入, 補償, 制御, コンデンサ, 閉
D	直流, ディジタル, 差動, ダイヤル
E	非常, 励磁
F	フィーダ, 火災, 故障, ファン, ヒューズ, 周波数, フリッカ, 正
G	地絡, ガス, 発電機

番号	おもな内容
H	高, 所内, ヒータ, 保持
I	内部, 初期
J	結合, ジェット
K	三次, ケーシング
L	ランプ, 漏れ, 低, 下げ
M	計器, 動力, 電動機, 主
N	中性, 窒素, 負極
O	外部, 開, オーム素子
P	正極, 出力, ポンプ, 一次, 電力, 圧力, プログラム
Q	油, 圧油ポンプ, 無効電力

番号	おもな内容
R	復帰, 上げ, 遠方, 受電, 抵抗, 室内, 受信, 調整
S	ソレノイド, 動作, 同期, 短絡, 二次, 速度, 選択
T	変圧器, 温度, 限時, 引外し
U	使用
V	電圧, 真空, 弁
W	水, 水位, 給水, 排水
X	補助
Y	補助
Z	補助, ブザー, インピーダンス

制御器具番号についての詳しい説明は、「絵ときシーケンス制御読本（入門編）（オーム社発行）」の付録をご覧ください.

2-5　シーケンス図の表し方

❶ シーケンス図の表し方の決まり

シーケンス図の表し方の決まり

❖ シーケンス制御とは，"あらかじめ定められた順序または一定の論理によって定められる順序に従って，制御の各段階を逐次進めて行く制御"と定義されております．

❖ シーケンス図とは，シーケンス制御を用いた設備，装置並びに機器の動作を各構成要素の物理的構造，形状に関係なく，機能を中心として電気的接続を展開して図記号によって表現する図で"**展開接続図**"または"**シーケンスダイヤグラム**"ともいいます．

（1）　シーケンス図に用いる図記号は，JIS C 0617（電気用図記号）で規定された電気用図記号（2-2項「電気用図記号の表し方」参照）で表示します．

（2）　シーケンス図における制御電源母線は，いちいち詳細に示さず，電源導線として，シーケンス図の上下に横線で示すか，または左右に縦線で表示します．

（3）　シーケンス図において，制御機器を結ぶ接続線は，上下の制御電源母線の間に，まっすぐな縦線で示すか，または左右の制御電源母線の間に，まっすぐな横線で表示します．

（4）　シーケンス図における接続線は，動作の順序に左から右へ，または上から下への順に並ぶように表示します．

（5）　シーケンス図における開閉接点を有する制御機器は，その機構部分や支持，保護部分などの機構的関連を省略して，接点，電磁コイルなどで表現し，各接続線に分離して表示します．

（6）　シーケンス図において，制御機器の離ればなれになった接点，電磁コイルの部分には，その制御機器名を示す文字記号，すなわちシーケンス制御記号（2-3項「シーケンス制御記号の表し方」参照）または制御器具番号（2-4項「制御器具番号の表し方」参照）を図記号に併記して，その所属，関連を明らかにします．

（7）　開閉接点を有する機器をシーケンス図に表示する場合の図記号の状態は，押しボタンスイッチのように，その接点部が手動によって操作される機器では，その接点部に手を触れない状態で示し，また，電磁リレー，電磁接触器，タイマなどのように，その接点部が電気などのエネルギーによって駆動される機器では，駆動部の電源などのエネルギーをすべて，切り離した状態で表示します．

押しボタンスイッチの図記号の表し方

❷ 開閉接点を有する機器の図記号の表し方

開閉接点を有する機器の図記号の表し方

❈ シーケンス図における開閉接点を有する機器の図記号は，機器の機構部分や支持，保護部分などの機構的関連を省略して，単独の接点，電磁コイルなどで表示し，おのおのの接続線に分離し，離ればなれになった機器の接点や電磁コイルには，その機器名を示すシーケンス制御記号である文字記号，または制御器具番号を併記して，その関連を示します．

電磁リレーの図記号の表し方

❈ 電磁リレーの図記号は，電磁コイルと接点で表し，それらを構成する機構的関連はすべて省略し，電磁コイルに電流を流さないときの状態で示します．

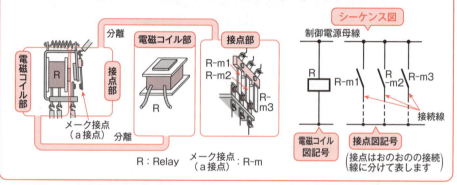

電磁接触器の図記号の表し方

❈ 電磁接触器の図記号は，固定鉄心，可動鉄心，ばね，モールドケースなどの機構部分や支持，保護部分などの機構的関連をすべて省略し，単独の電磁コイル，主接点および補助接点として表し，電磁コイルに電流を流さないときの状態で示します．

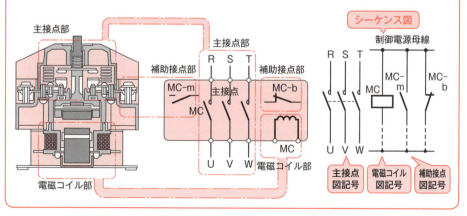

❸ 縦書きシーケンス図の表し方

縦書きシーケンス図・横書きシーケンス図とは

❖ JIS C 1082-1（電気技術文書第1部：一般要求事項）では，回路図における信号の流れの方向は，基本的に左から右であり，また上から下ということが望ましいとされています．

❖ シーケンス図における接続線の信号の流れの方向によって"縦書きシーケンス図"と"横書きシーケンス図"とに区別することができます．

縦書きシーケンス図の表し方

❖ **縦書きシーケンス図**とは，接続線内の信号の流れの方向が，大部分上下の縦方向に図示されている図をいいます．

(1) 制御電源母線は，シーケンス図の上下に横線で示します．
(2) 接続線は，制御電源母線の間に，信号の流れに沿って上下方向の縦線で示します．
(3) 接続線は，だいたい動作の順序に，左から右への順に並べて示します．
(4) 接続線内の制御機器の配列は，上方の制御電源母線側には，各種の切換スイッチ，操作スイッチ，電磁リレーなどの接点を順次接続し，タイマ，電磁リレー，電磁接触器などの電磁コイルは，原則として，下方の制御電源母線側に接続します．

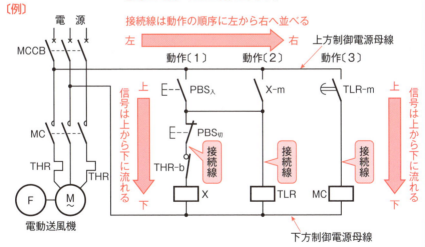

●電動送風機の遅延動作運転回路●

文字記号

MCCB	：配線用遮断器	Ⓜ	：電動機	X☐	：補助リレーの電磁コイル
MC	：電磁接触器の主接点	Ⓕ	：送風機	X-m	：補助リレーのメーク接点
MC☐	：電磁接触器の電磁コイル	PBS入	：始動押しボタンスイッチ	TLR☐	：タイマの駆動部
THR	：熱動過電流リレー	PBS切	：停止押しボタンスイッチ	TLR-m	：タイマのメーク接点

❹ 横書きシーケンス図の表し方

横書きシーケンス図の表し方

❈ **横書きシーケンス図**とは，接続線内の信号の流れの方向が，大部分左右の横方向に図示されている図をいいます．

（1） 制御電源母線は，シーケンス図の左右に縦線で示します．
（2） 接続線は，制御電源母線の間に，信号の流れに沿って左右方向の横線で示します．
（3） 接続線は，だいたい動作の順序に，上から下への順に並べて示します．
（4） 接続線内の制御機器の配列は，左方の制御電源母線側には，各種の切換スイッチ，操作スイッチ，電磁リレーなどの接点を順次接続し，タイマ，電磁リレー，電磁接触器などの電磁コイルは，原則として，右方の制御電源母線側に接続します．

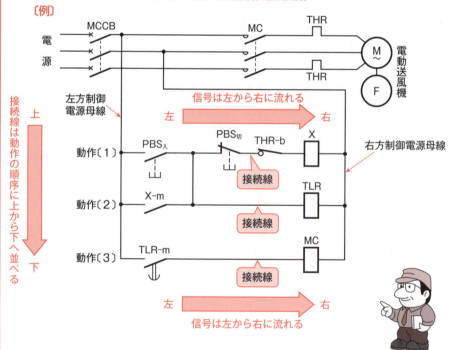

●電動送風機の遅延動作運転回路●

❈ 縦書きシーケンス図および横書きシーケンス図の例として示しました"電動送風機の遅延動作運転回路"については，7-2項の「電動送風機の遅延動作運転回路」に実際の配線図やその動作順序を，詳しく説明してありますので，ご覧ください．

シーケンス図の書き方についての詳しい説明は，「絵ときシーケンス制御読本（入門編）」の第6章をご覧ください．

第3章

やさしい
シーケンス制御の実例

この章のポイント

　この章では，自動ドアの開閉制御を例として，実際のシーケンス制御とはどういう制御なのかを，やさしく解説することにいたしましょう．
（1）　自動ドアとは，どのように制御されているのか，実際の配線図を示してありますので，その開閉制御機構を理解しましょう．
（2）　自動ドアの実際の配線図をもとに，JIS C 0617 の電気用図記号を用いて，シーケンス図に書き換えてありますので，実際の配線図をたどって，シーケンス図と対比してみましょう．
（3）　自動ドアのシーケンス動作をスライド写真のように，その機能を持つ動作回路ごとに，一コマ一コマ別々のシーケンス図に分解して，その動作を説明してありますので，理解しやすくなっております．

3-1　自動ドアの開閉制御機構

① 自動ドア(油圧式)の実際の配線図とシーケンス図

油圧式自動ドア(例)　　　　　　　　　　　　　　　●入口の開閉制御回路

※自動ドアの入口と出口の開閉制御機構は同じですので，入口についての開閉制御機構の実際配線図の例を下図に示します．

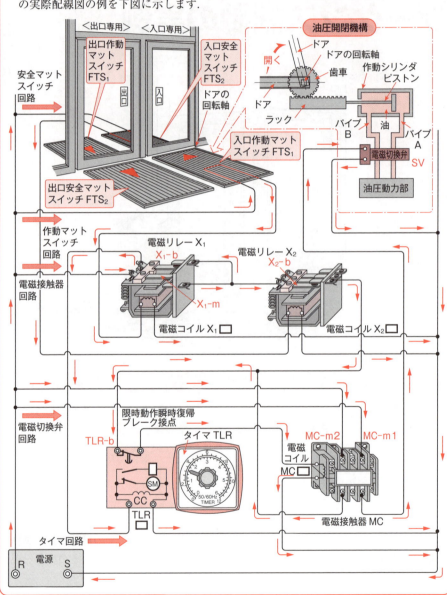

自動ドアの種類　　　　　　　　　　　●自動ドアのセンサ●

※ 自動ドアは，開閉の合理化と冷暖房や空調設備の普及によって，通行量の多いビル・工場の事務所はもとより，商店，飲食店などの出入口にも多く設備されております．
※ 最近の自動ドアは，電動機で直接扉を開閉する電動式が多く用いられておりますが，本例では，理解の容易な油圧による開閉機構を用いた油圧式の例について説明いたしましょう．
※ 自動ドアに人が近づいたことを検出するためのセンサには，次のようなものがあります．
● 通行者が自動ドアに近づいたことを，人からでる熱（赤外線）により検出する熱スイッチ，人が自動ドアに近づくときに起こるマイクロ波の変化を検出するレーダスイッチ，また，静電容量の変化を検出するタッチスイッチなどがあります．
※ 本例では，スイッチ機能を持ったマットを通行者が足で踏むとドアが開くという簡単な構造のマットスイッチを用いた例について説明いたしましょう．

自動ドアのシーケンス図　　　　　　　●横書きシーケンス図●

※ 自動ドアの実際の配線図を信号の流れ基準による横書きシーケンス図に書き換えたのが下図です（次ページからの説明と併せてご覧ください）．

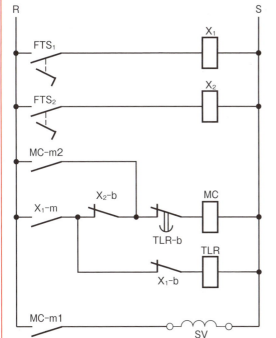

文字記号

FTS_1	：作動マットスイッチ
FTS_2	：安全マットスイッチ
MC □	：電磁接触器のコイル
MC-m1 MC-m2	：電磁接触器のメーク接点
X_1 □	：電磁リレー X_1 のコイル
X_1-m	：電磁リレー X_1 のメーク接点
X_1-b	：電磁リレー X_1 のブレーク接点
X_2 □	：電磁リレー X_2 のコイル
X_2-b	：電磁リレー X_2 のブレーク接点
TLR □	：タイマの駆動部
TLR-b	：タイマのブレーク接点
SV	：電磁切換弁

❷ 自動ドア（油圧式）の開閉機構

油圧式自動ドアの開閉機構

❈ 油圧式自動ドアの動作（前ページのシーケンス図参照）は，まず入口に敷かれた作動マットスイッチの上に，通行する人が乗りますと，作動マットスイッチ FTS_1 が閉じて，電磁リレー X_1 が動作することにより，メーク接点 X_1-m が閉じ，電磁接触器 MC が動作して，油圧開閉機構を働かせ，ドアを開きます．これと同時に，タイマ TLR が付勢され，設定時限後にタイマが動作し，限時動作瞬時復帰ブレーク接点 TLR-b が開いて電磁接触器 MC を復帰させ，油圧開閉機構を働かしドアを閉じます．

❈ 油圧式自動ドアの開閉機構は，電動機，油ポンプ，蓄圧器などからなる油圧動力部と電磁切換弁，作動シリンダ，歯車などからなる作動部より構成されております．

自動ドア（油圧式）の開扉　●油圧開扉機構の動作〔例〕●

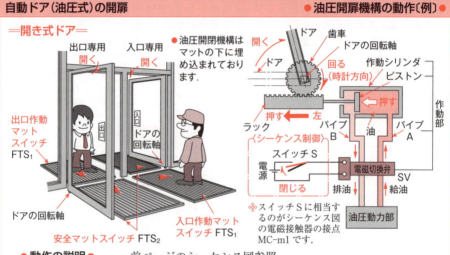

● 動作の説明 ●　—前ページのシーケンス図参照—

❈ 通行する人が入口の作動マットスイッチ FTS_1 の上に乗ると，電磁接触器 MC が動作して，メーク接点 MC-m1 を閉じ，電磁切換弁 SV を動作させます．この電磁切換弁 SV の働きによって，油圧動力部の圧力油がパイプ A に供給されて，作動シリンダのピストンを左に動かします．ピストンが左に動くことによって，ラックと歯車とが連動して，ドアの回転軸を時計方向に回すので，ドアが開きます．

作動マットと安全マットの機能

❈ 開き式自動ドアでは，ドアがスイングする側に人が来て，ドアに打たれないように，ドアの両側に「作動マット」と「安全マット」を敷きます．

❈ 「作動マット」は通行方向に対して，ドアの前側に，また，「安全マット」は後側に敷きます．「安全マット」の上に人がいるときは，「作動マット」の上に人が乗っても，ドアが開かないように安全を保っております（62 ページ参照）．

3-1 自動ドアの開閉制御機構

自動ドア(油圧式)の閉扉 ●油圧閉扉機構の動作(例)

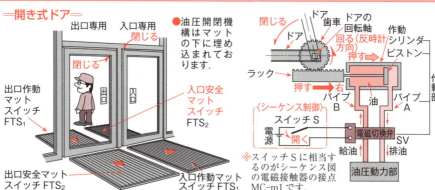

=開き式ドア=

出口専用／入口専用 閉じる／閉じる

出口作動マットスイッチ FTS₁／入口安全マットスイッチ FTS₂

出口安全マットスイッチ FTS₂／入口作動マットスイッチ FTS₁

●油圧開閉機構はマットの下に埋め込まれております．

※スイッチSに相当するのがシーケンス図の電磁接触器の接点MC-m1です．

●動作の説明● ─51ページのシーケンス図参照─

※通行する人が入口の安全マットスイッチ FTS₂ の上を通りすぎると，タイマ TLR が働いて，その限時動作瞬時復帰ブレーク接点 TLR-b が開き，電磁接触器 MC が復帰して，メーク接点 MC-m1 を開き，電磁切換弁 SV を復帰させます．この電磁切換弁 SV の復帰によって，油圧動力部の圧力油がパイプBに供給されて，作動シリンダのピストンを右に動かします．ピストンが右に動くことによって，ラックと歯車とが連動して，ドアの回転軸を反時計方向に回すので，ドアが閉じます．

マットスイッチ ●マットスイッチの構造(例)

※自動ドアに人(または通行体)が接近したとき，ドアを開閉動作させる始動装置としては，通行する人の重量を利用したマットスイッチ FTS が用いられております．

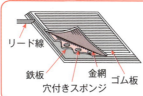

リード線／鉄板／金網／穴付きスポンジ／ゴム板

マットスイッチとは，金網と鉄板とが，穴付きスポンジを介して接触(閉)または離れる(開)ことで開閉動作をするもので，ゴムまたはロンリュームで包まれたスイッチをいいます．

●マットスイッチ「開」の状態●
※人がマットスイッチの上に乗らないときは，金網と鉄板との間が，スポンジで絶縁されているから，スイッチは「開」となります．

図記号　FTS 開いている

●マットスイッチ「閉」の状態●
※人がマットスイッチの上に乗ると，その重みで，スポンジが縮み，スポンジの穴の部分で金網と鉄板が接触して，スイッチは「閉」となります．

図記号　FTS 閉じる

3-2 自動ドアのシーケンス制御

❶ 自動ドアの開扉シーケンス動作

作動マットスイッチ回路の動作　　　　　　　　　　　　　　　●順序〔1〕●

▶(1)　入口の作動マットスイッチの上に通行する人が乗ると，その人の重みで，入口作動マットスイッチ FTS_1 が閉じます．

▶(2)　入口作動マットスイッチ FTS_1 が閉じると，電磁コイル X_1 ▭ に電流が流れ，電磁リレー X_1 は動作します．

〔回路構成〕
＝入口作動マットスイッチ回路＝

電源R → (動作 閉じる) (FTS_1) → X_1 ▭ → S

電磁接触器回路の動作　　　　　　　　　　　　　　　　　　　●順序〔2〕●

▶(1)　電磁リレー X_1 が動作すると，電磁接触器回路のメーク接点 X_1-m が閉じます．

▶(2)　電磁リレー X_1 のメーク接点 X_1-m が閉じると，電磁コイル MC ▭ に電流が流れ，電磁接触器 MC が動作します．

▶(3)　電磁リレー X_1 が動作すると，タイマ回路のブレーク接点 X_1-b が開きます．

▶(4)　電磁リレー X_1 のブレーク接点 X_1-b が開くと，タイマのコイル TLR ▭ に電流は流れないので，タイマ TLR は復帰します．

〔回路構成〕
＝電磁コイル MC ▭ 回路＝

電源R → (動作 閉じる) (X_1-m) → (X_2-b) → (TLR-b) → MC ▭ → S

＝タイマ TLR ▭ 回路＝

電源R → (動作 閉じる) (X_1-m) → X(動作 開く)(X_1-b)X → TLR ▭ → S

〔説　明〕
● 電磁接触器 MC が動作すると，次の順序〔3〕，〔4〕の動作が同時に行われます．

電磁切換弁回路の動作　　　　　　　　　　　　　　　　　　　●順序〔3〕●

▶(1)　電磁接触器 MC が動作すると，電磁切換弁回路のメーク接点 MC-m1 が閉じます．

▶(2)　電磁接触器のメーク接点 MC-m1 が閉じると，電磁切換弁の電磁コイル SV に電流が流れ，電磁切換弁 SV は動作します．

▶(3)　電磁切換弁 SV が動作すると，油圧開扉機構(52ページ参照)が働いて，ピストンがラックを押し，ドアを開きます．

〔回路構成〕
＝電磁切換弁回路＝

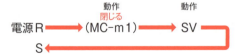

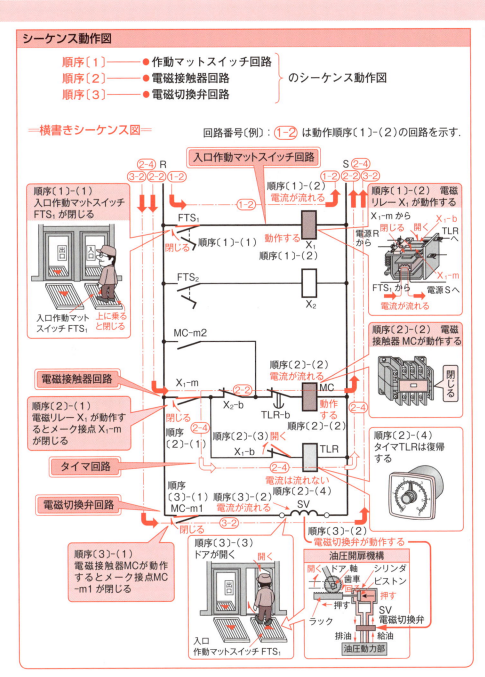

❶ 自動ドアの開扉シーケンス動作（つづき）

自己保持回路の動作　　　　　　　　　　　　　　　　　　　　▶順序〔4〕◀

▶（1） 電磁接触器 MC が動作すると，自己保持回路のメーク接点 MC-m2 が閉じます。
▶（2） 通行する人が入口作動マットスイッチの上を通りすぎると，入口作動マットスイッチ FTS_1 が，復帰して開きます。
▶（3） 入口作動マットスイッチ FTS_1 が開くと，電磁コイル X_1 □ に電流は流れず，電磁リレー X_1 は復帰します。
▶（4） 電磁リレー X_1 が復帰すると，電磁接触器回路のメーク接点 X_1-m が開きます。
▶（5） メーク接点 X_1-m が開いても，自己保持回路のメーク接点 MC-m2 を通って，電磁コイル MC □ に電流が流れるので，電磁接触器 MC は動作し続けます。
▶（6） 電磁リレー X_1 が復帰すると，タイマ回路のブレーク接点 X_1-b が閉じます。

〔回路構成〕

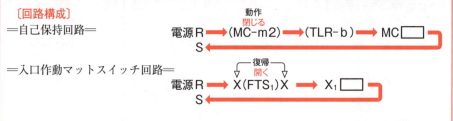

安全マットスイッチ回路　　　　　　　　　　　　　　　　　　▶順序〔5〕◀

▶（1） 通行する人が，入口作動マットスイッチ FTS_1 を通りすぎて，入口安全マットの上に乗ると，入口安全マットスイッチ FTS_2 が閉じます。
▶（2） 入口安全マットスイッチ FTS_2 が閉じると，電磁コイル X_2 □ に電流が流れ，電磁リレー X_2 が動作します。
▶（3） 電磁リレー X_2 が動作すると，電磁接触器回路のブレーク接点 X_2-b が開きます。
▶（4） 接点 X_2-b が開いても，電磁コイル MC □ には，自己保持回路のメーク接点 MC-m2 を通って，電流が流れるので，電磁接触器 MC は動作し続けます。
▶（5） 自己保持回路のメーク接点 MC-m2 を通っての，タイマのコイル TLR □ の付勢は，接点 X_2-b が開いているので行われません。

〔回路構成〕

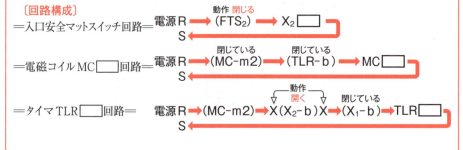

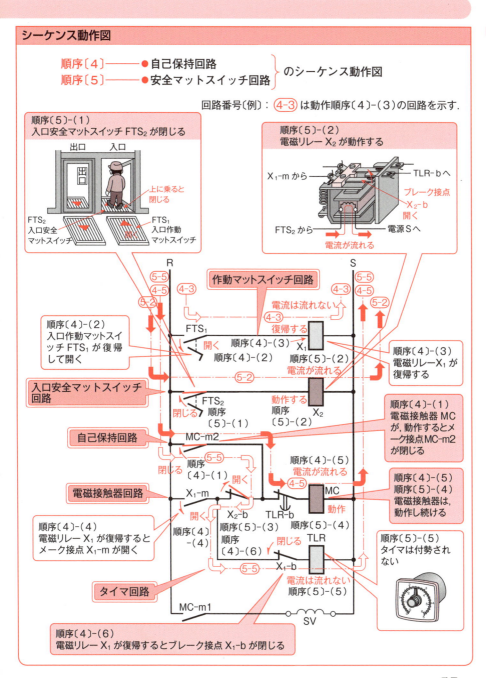

❷ 自動ドアの閉扉シーケンス動作

タイマ回路の動作　　　　　　　　　　　　　　　　　　　　●順序〔6〕●

▶（1）　通行する人が，入口安全マットスイッチを通りすぎて，通路に降りると，入口安全マットスイッチ FTS_2 が，復帰して開きます．
▶（2）　入口安全マットスイッチ FTS_2 が復帰して開くと，電磁コイル X_2 に電流は流れず，電磁リレー X_2 は復帰します．
▶（3）　電磁リレー X_2 が復帰すると，電磁接触器回路のブレーク接点 X_2-b が閉じます．
▶（4）　ブレーク接点 X_2-b が閉じると，自己保持回路のメーク接点 MC-m2 を通って，タイマのコイル TLR に電流が流れ，タイマ TLR は付勢されます．
　　　● タイマ TLR は，付勢されても，設定時限が経過しないと，動作しません．タイマ TLR は順序〔7〕-（1）で動作します．

〔回路構成〕

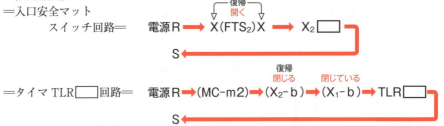

電磁接触器回路（タイマ設定時限経過後）の動作　　　　　　　●順序〔7〕●

▶（1）　タイマ TLR の設定時限が経過すると，タイマが動作します．
▶（2）　タイマ TLR が動作すると，電磁接触器回路の限時動作瞬時復帰ブレーク接点 TLR-b が開きます．
▶（3）　限時動作瞬時復帰ブレーク接点 TLR-b が開くと，電磁コイル MC に電流は流れなくなるので，電磁接触器 MC が復帰します．

〔回路構成〕

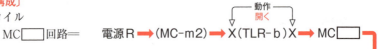

　〔説　明〕
　　● 電磁接触器 MC が復帰すると，次の順序〔8〕，〔9〕の動作が同時に行われます．

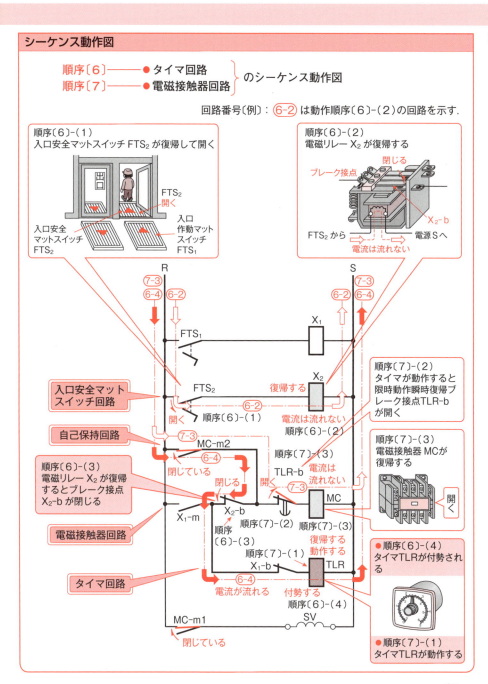

❷ 自動ドアの閉扉シーケンス動作（つづき）

電磁切換弁回路の動作　　　●順序〔8〕●

▶（1）電磁接触器 MC が復帰すると，電磁切換弁回路のメーク接点 MC-m1 が開きます．

▶（2）電磁接触器のメーク接点 MC-m1 が開くと，電磁切換弁の電磁コイル SV に電流が流れなくなるので，電磁切換弁 SV が復帰します．

▶（3）電磁切換弁 SV が復帰すると，油圧閉扉機構（53 ページ参照）が働いて，油圧によりピストンを右に動かすことにより，ラックが右に押され，ドアを閉じます．

〔回路構成〕
＝電磁切換弁回路＝

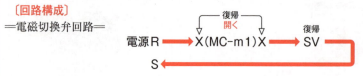

自己保持回路の動作　　　●順序〔9〕●

▶（1）電磁接触器 MC が復帰すると，自己保持回路のメーク接点 MC-m2 が開きます．

▶（2）電磁接触器のメーク接点 MC-m2 が開くと，自己保持回路を通ってタイマのコイル TLR □ へ電流は流れなくなるので，タイマ TLR は消勢し復帰します．

▶（3）タイマ TLR が復帰すると，電磁接触器回路の限時動作瞬時復帰ブレーク接点 TLR-b が復帰し，閉じます．

▶（4）限時動作瞬時復帰ブレーク接点 TLR-b が閉じても，自己保持回路のメーク接点 MC-m2 が開いているので，電磁コイル MC □ に電流は流れず，電磁接触器 MC は復帰したままとなります．

〔回路構成〕

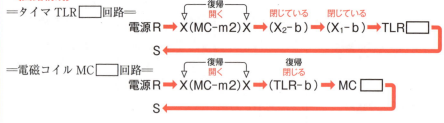

これで，すべての動作が，もとの順序〔1〕の状態に戻ります．

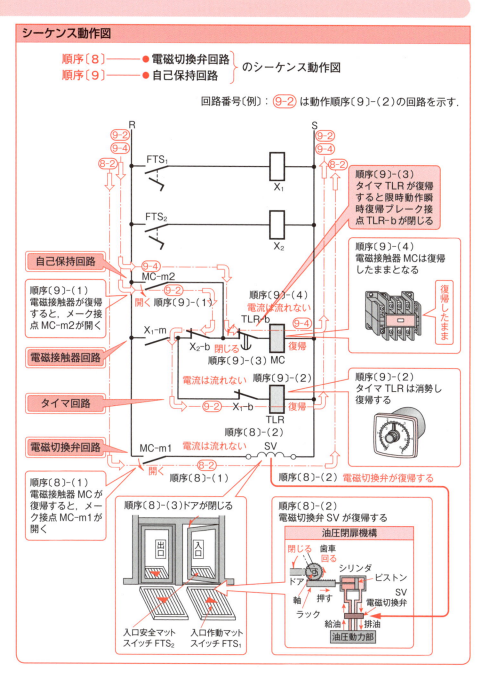

❸ 作動マットと安全マットのインタロック動作

作動マットと安全マットのインタロック

※自動ドアのスイングする側に人が立っているときは，ドアが開くと，その人はドアに打たれることになり危険です。そこで，入口と反対側に「安全マット」を敷いて，この上に人がいるときは，「作動マット」の上に人が乗っても，ドアが開かないように「インタロック」をとって，安全を保っております。

安全マットスイッチ回路の動作　　　　　　　　　　　　　　　●順序〔1〕●

▶（1）　ドアが閉じているときに，人(A)が安全マットスイッチの上に乗ると，安全マットスイッチ FTS_2 が閉じます。
▶（2）　安全マットスイッチ FTS_2 が閉じると，電磁コイル X_2 □ に電流が流れ，電磁リレーX_2 が動作します。
▶（3）　電磁リレーX_2 が動作すると，電磁接触器回路のブレーク接点X_2-b が開きます。

〔回路構成〕
＝安全マットスイッチ回路＝　　電源 R → 動作 閉じる (FTS$_2$) → X$_2$ □
　　　　　　　　　　　　　　　　　　　S ←

作動マットスイッチ回路の動作　　　　　　　　　　　　　　　●順序〔2〕●

▶（1）　人(A)が安全マットスイッチの上に乗っている状態で，作動マットスイッチの上に他の人(B)が乗ると，作動マットスイッチ FTS_1 が閉じます。
▶（2）　作動マットスイッチ FTS_1 が閉じると，電磁コイル X_1 □ に電流が流れ，電磁リレーX_1 が動作します。
▶（3）　電磁リレーX_1 が動作すると，電磁接触器回路のメーク接点 X_1-m が閉じます。
▶（4）　電磁接触器回路で，接点 X_1-m が閉じても，接点 X_2-b が開いている（順序〔1〕-（3））ので，電流が流れないことから，電磁接触器 MC は動作しません。
▶（5）　電磁接触器 MC が動作しないので，メーク接点 MC-m1 は開いており，54ページの順序〔3〕の電磁切換弁回路の動作が行われず，ドアは開きません。
▶（6）　電磁リレーX_1 が動作すると，タイマ回路のブレーク接点 X_1-b が開きます。
▶（7）　タイマ回路で，メーク接点 X_1-m が閉じても，ブレーク接点 X_1-b が開いているので，タイマのコイル TLR □ に電流は流れずタイマは付勢されません。

〔回路構成〕
＝作動マットスイッチ
　　　　　　回路＝　　　電源 R → 動作 閉じる (FTS$_1$) → X$_1$ □
　　　　　　　　　　　　　　S ←

＝電磁コイル
　　　MC □ 回路＝　　電源 R → 動作 閉じる (X$_1$-m) → X(X$_2$-b)X 閉じている → (TLR-b) 閉じている → MC □
　　　　　　　　　　　　　S ←

＝タイマ TLR □ 回路＝　電源 R → 動作 閉じる (X$_1$-m) → X(X$_1$-b)X 動作 開く → TLR □
　　　　　　　　　　　　　S ←

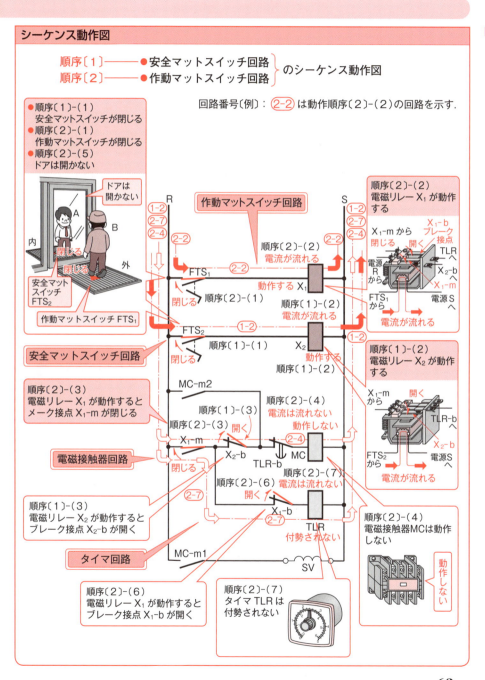

資料　マットスイッチによる方向性出入計数制御回路

方向性出入計数制御

❖ **方向性出入計数制御**とは，銀行，展示会場などの入口に，方向性検出用マットスイッチを置いて，入って来たお客だけをカウントし，出入員数管理を行うことをいいます．

❖ この回路では，お客が出て行く場合は，カウントしないようになっております．

外観図（例）

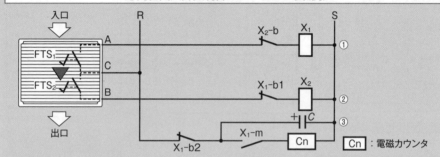

方向性出入計数制御のシーケンス図（例）

Cn：電磁カウンタ

● シーケンス動作 ●

1．入口からお客が入って来た場合の動作
（1）　入口からお客が入って来ると，マットスイッチの A-C 間で，接点 FTS_1 が閉じ，①回路の補助リレー X_1 が動作します．
（2）　補助リレー X_1 が動作すると，③回路のブレーク接点 X_1-b2 が開くとともに，メーク接点 X_1-m が閉じ，コンデンサ C の放電により，電磁カウンタが励磁され，カウントします．
（3）　補助リレー X_1 が動作すると，②回路のブレーク接点 X_1-b1 が開き，補助リレー X_2 をインタロックします．

2．出口からお客が出て行った場合の動作
（4）　出口からお客が出て行くと，まずマットスイッチ FTS_1 が開くので電磁リレー X_1 が復帰し，②回路のブレーク接点 X_1-b1 が閉じ電磁リレー X_2 のインタロックを解きます．
（5）　出口からお客が出て行くと，次にマットスイッチの B-C 間で，接点 FTS_2 が閉じ，②回路の補助リレー X_2 が動作します．
（6）　補助リレー X_2 が動作すると，①回路のブレーク接点 X_2-b が開き，補助リレー X_1 をインタロックするため，電磁カウンタはカウントしません．

第4章

電動機制御の実用基本回路

この章のポイント

　この章では，設備・機器の動力源として用いられている電動機，とくに誘導電動機の基本的な制御のしかたを身につけることにいたしましょう．

（1）　電動機を現場制御盤からだけでなく，遠く離れた遠方の制御盤からも制御できるようにしたのが「現場・遠方操作による始動・停止制御回路」です．この考えは遠方制御の基礎となりますから，よく理解しておいてください．

（2）　三相誘導電動機の正逆転制御（「絵ときシーケンス制御読本（入門編）」参照）は，よく知られていますが，案外に，「単相コンデンサモータの正逆転制御回路」は見のがされがちです．この機会にしっかりと覚えておきましょう．

（3）　電動機を「チョイ回し」するには「寸動運転制御回路」を，また，「急停止」させるには「逆相制動制御回路」が用いられますので，その動作のもようを詳しく説明してあります．

（4）　かご形誘導電動機の始動制御には，「リアクトル始動制御」，「始動補償器始動制御」，「スターデルタ始動制御」（「絵ときシーケンス制御読本（入門編）」参照）があり，巻線形誘導電動機には，「抵抗始動制御」があります．それぞれの特徴をよくつかんでおきましょう．

4-1　電動機の現場・遠方操作による始動・停止制御回路

❶ 現場・遠方操作による始動・停止制御回路の実際配線図とシーケンス図

現場・遠方操作による始動・停止制御回路の実際配線図

※ 下図は，1台の電動機を始動・停止制御するのに際して，電動機の近くに設置されている現場制御盤からの制御と，電動機から遠い位置にある遠方制御盤からの制御というように，2箇所から操作できるようにした，電動機の現場・遠方操作による始動・停止制御回路の実際配線図の一例を示した図です。

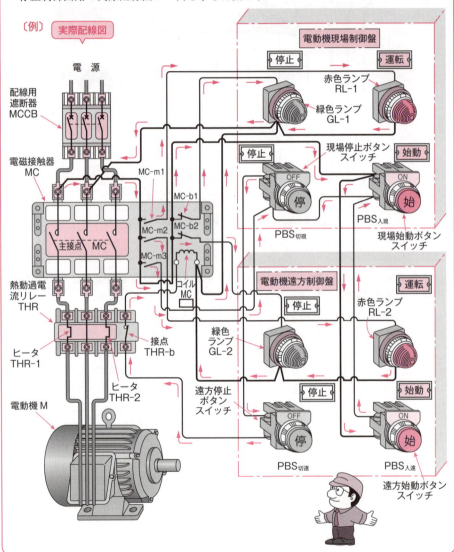

66

現場・遠方操作による始動・停止制御回路のシーケンス図

❖ 電動機の現場・遠方操作による始動・停止制御回路の実際配線図をシーケンス図に書き換えたのが下図です．

❖ 電動機を運転しているときは赤色ランプが，また，停止しているときは緑色ランプが，現場および遠方の両方の制御盤に点灯します．

❖ 現場，遠方のいずれの制御盤からでも運転できますが，電動機が過負荷になった場合，熱動過電流リレーが動作すれば，電磁接触器が復帰して，電動機を停止します．

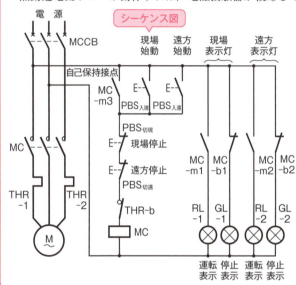

電動機を現場・遠方より操作するには

❖ 電動機を現場・遠方の2箇所より操作するには，どちらの操作用ボタンスイッチからでも，始動・停止できるようにしなくてはなりません．それには，始動ボタンスイッチは常時「開路」，停止ボタンスイッチは常時「閉路」ですから，始動ボタンスイッチは「並列」に，停止ボタンスイッチは「直列」に接続します．

❖ このようにすると，現場または遠方のどちらかの始動ボタンスイッチを押せば，電動機は始動します．また，停止するには，どちらかの停止ボタンスイッチを押せばよいわけで，現場・遠方とも対等の条件で制御できます．

❖ 電動機の現場・遠方操作の回路は，例えば，コンベアを両端から始動・停止する場合や，サイレンを工場と事務所の両方から操作する場合などに応用できます．

❖ 電動機を3箇所以上から操作したい場合には，始動ボタンスイッチをすべて自己保持接点に「並列」に接続し，また，停止ボタンスイッチをすべて自己保持接点に「直列」に接続すればよいのです．

❷ 電動機の始動動作

電動機の現場制御盤からの始動動作〔1〕　　　　　　　　　●電動機の始動●

順序〔1〕　電源の配線用遮断器MCCBのレバーを「ON」にして，電源を投入し閉じます。
〔2〕　配線用遮断器MCCBを投入し閉じますと，現場表示灯回路⑥に電流が流れ，現場制御盤の緑色ランプGL-1が点灯します。
〔3〕　配線用遮断器MCCBを投入し閉じますと，遠方表示灯回路⑧に電流が流れ，遠方制御盤の緑色ランプGL-2が点灯します。
● 緑色ランプGL-1およびGL-2の点灯は，電動機が停止していても，電源スイッチ(配線用遮断器MCCB)が投入されていることを示します。
〔4〕　現場始動回路③の現場始動ボタンスイッチ$PBS_{入現}$を押すと閉じます。
〔5〕　$PBS_{入現}$を押して閉じると，現場始動回路③の電磁コイルMC ▉ に電流が流れ，電磁接触器MCが動作します。電磁接触器MCが動作すると，次の順序〔6〕，〔8〕，〔9〕，〔11〕，〔13〕，〔15〕の動作が，同時に行われます。
〔6〕　電磁接触器MCが動作すると，主回路①の主接点MCが閉じます。
〔7〕　電磁接触器の主接点MCが閉じると，主回路①の電動機Mに電流が流れ，電動機は始動し，回転します。
〔8〕　電磁接触器MCが動作すると，自己保持回路②の自己保持メーク接点MC-m3が閉じ，自己保持します。

シーケンス動作図

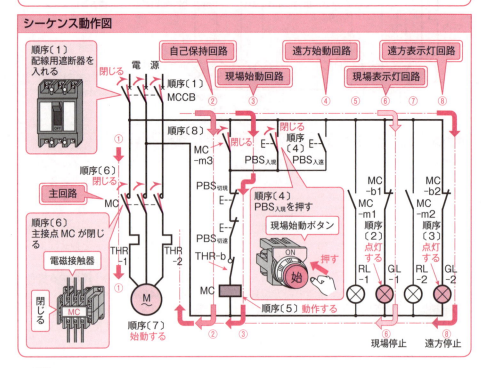

電動機の現場制御盤からの始動動作〔2〕　　　●表示灯回路

順序〔9〕 電磁接触器 MC が動作すると，現場表示灯回路⑥のブレーク接点 MC-b1 が開きます．

〔10〕 電磁接触器 MC のブレーク接点 MC-b1 が開くと，現場表示灯回路⑥の緑色ランプ GL-1 に電流は流れず，消灯します．

〔11〕 電磁接触器 MC が動作すると，遠方表示灯回路⑧のブレーク接点 MC-b2 が開きます．

〔12〕 電磁接触器 MC のブレーク接点 MC-b2 が開くと，遠方表示灯回路⑧の緑色ランプ GL-2 に電流は流れず，消灯します．

〔13〕 電磁接触器が動作すると現場表示灯回路⑤のメーク接点 MC-m1 が閉じます．

〔14〕 接点 MC-m1 が閉じると，回路⑤の赤色ランプ RL-1 に電流が流れ点灯します．

〔15〕 電磁接触器が動作すると遠方表示灯回路⑦のメーク接点 MC-m2 が閉じます．

〔16〕 電磁接触器 MC のメーク接点 MC-m2 が閉じると，遠方表示灯回路⑦の赤色ランプ RL-2 に電流が流れ，点灯します．

シーケンス動作図

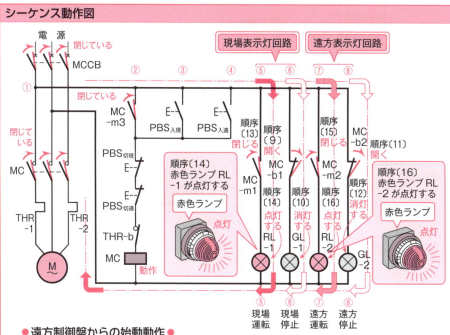

●遠方制御盤からの始動動作●

※遠方制御盤からの始動動作は，現場制御盤からの始動動作の順序〔4〕で，現場始動ボタンスイッチ PBS 入現 を押す代わりに，遠方始動回路④の遠方始動ボタンスイッチ PBS 入遠 を押す以外は，まったく同じ動作をして，電動機 M は始動し回転します．

69

❸ 電動機の停止動作

電動機の現場制御盤からの停止動作〔1〕 ●電動機の停止●

順序〔1〕 自己保持回路②の現場停止ボタンスイッチPBS切現を押すと開きます。
　〔2〕 現場停止ボタンスイッチPBS切現を押して開くと，自己保持回路②の電磁コイルMC ▭ に電流は流れず，電磁接触器MCが復帰します。
　　● 電磁接触器MCが復帰すると，次の順序〔3〕，〔5〕，および次ページの順序〔6〕，〔8〕，〔10〕，〔12〕の動作が，同時に行われます。
　〔3〕 電磁接触器MCが復帰すると，主回路①の主接点MCが開きます。
　〔4〕 電磁接触器の主接点MCが開くと，主回路①の電動機Mに電流は流れず，電動機が停止します。
　〔5〕 電磁接触器MCが復帰すると，自己保持回路②の自己保持メーク接点MC-m3が開き，自己保持を解きます。

シーケンス動作図

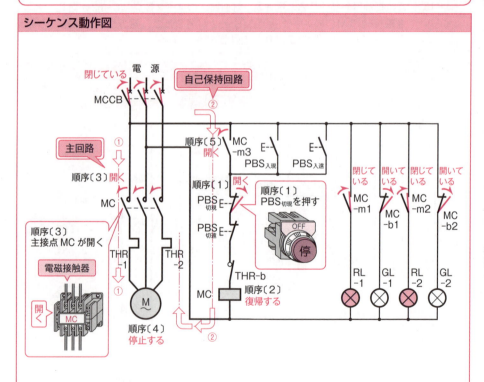

●**過負荷電流による停止動作**●

※電動機に過負荷電流が流れると，主回路①の熱動過電流リレーのヒータTHR-1，THR-2が加熱され動作して，自己保持回路②のブレーク接点THR-bを開き，電磁接触器を復帰し，主回路①の主接点MCが開き，電動機Mは停止します。

電動機の現場制御盤からの停止動作〔2〕　●表示灯回路●

順序〔6〕　電磁接触器が復帰すると現場表示灯回路⑤のメーク接点 MC-m1 が開きます。
〔7〕　電磁接触器 MC のメーク接点 MC-m1 が開くと，現場表示灯回路⑤の赤色ランプ RL-1 に電流は流れず，消灯します。
〔8〕　電磁接触器が復帰すると遠方表示灯回路⑦のメーク接点 MC-m2 が開きます。
〔9〕　電磁接触器 MC のメーク接点 MC-m2 が開くと，遠方表示灯回路⑦の赤色ランプ RL-2 に電流は流れず，消灯します。
〔10〕　電磁接触器 MC が復帰すると，現場表示灯回路⑥のブレーク接点 MC-b1 が閉じます。
〔11〕　電磁接触器 MC のブレーク接点 MC-b1 が閉じると，現場表示灯回路⑥の緑色ランプ GL-1 に電流が流れ，点灯します。
〔12〕　電磁接触器 MC が復帰すると，遠方表示灯回路⑧のブレーク接点 MC-b2 が閉じます。
〔13〕　接点 MC-b2 が閉じると，回路⑧の緑色ランプ GL-2 に電流が流れ点灯します。

シーケンス動作図

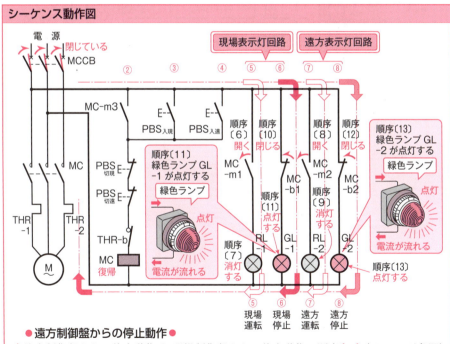

●遠方制御盤からの停止動作●

※遠方制御盤からの停止動作は，現場制御盤からの停止動作の順序〔1〕(70 ページ参照)で，現場停止ボタンスイッチ PBS切現 を押す代わりに，回路②の遠方停止ボタンスイッチ PBS切遠 を押す以外は，まったく同じ動作をして，電動機 M は停止します。

4-2 コンデンサモータの正逆転制御回路

① コンデンサモータの正逆転制御回路の実際配線図とシーケンス図

コンデンサモータの正逆転制御回路の実際配線図

※単相のコンデンサモータの正逆転制御回路の実際配線図の一例を示したのが下図です。この図は，単相のコンデンサモータの正転，逆転の回路の切り換えに，正転用電磁接触器 F-MC および逆転用電磁接触器 R-MC と 2 個の電磁接触器を用い，おのおのの押しボタンスイッチで，正転，逆転および停止の操作ができるようにした図です。

〔例〕

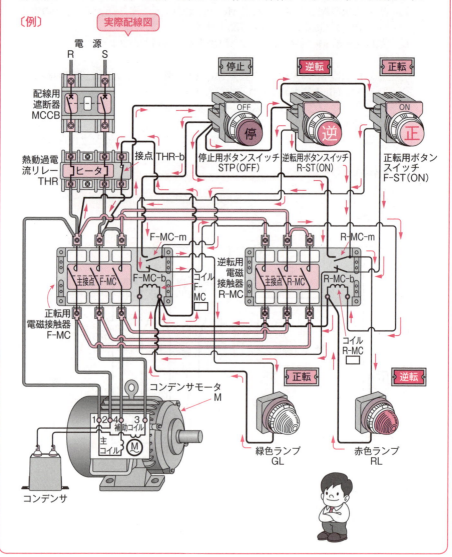

コンデンサモータとは

❖ **単相のコンデンサモータ**とは，主コイルのほかに，補助コイルを設け，これにコンデンサを接続して，始動トルクを発生させるようにした単相誘導電動機をいい，単相電源で駆動することから，家庭用はもちろん工業用としても，多く用いられております．

コンデンサモータの正転・逆転のしかた

❖ 単相のコンデンサモータを正方向，逆方向に回転させるには，コンデンサが接続された補助コイルの相を電源に対して入れ換えて行います．

コンデンサモータの正逆転制御回路のシーケンス図

❖ 単相のコンデンサモータの正逆転制御回路の実際配線図をシーケンス図に書き換えたのが下図です．

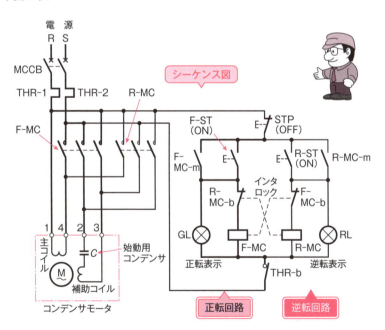

文字記号

MCCB	：配線用遮断器	STP	：停止用ボタンスイッチ	RL	：赤色ランプ(逆転表示)
THR	：熱動過電流リレー	F-ST	：正転用ボタンスイッチ	M	：コンデンサモータ
F-MC	：正転用電磁接触器	R-ST	：逆転用ボタンスイッチ	C	：始動用コンデンサ
R-MC	：逆転用電磁接触器	GL	：緑色ランプ(正転表示)		

❷ コンデンサモータの正転始動動作

電源回路・正転始動回路の動作　　　　　　　　　　●順序〔１〕●

▶（１）　配線用遮断器 MCCB（電源スイッチ）を入れると閉じます．
▶（２）　正転始動回路⑤の正転用ボタンスイッチ F-ST（ON）を押すと閉じます．
▶（３）　正転用ボタンスイッチ F-ST（ON）を押して閉じると，正転始動回路⑤の電磁コイル F-MC ■ に電流が流れ，正転用電磁接触器 F-MC が動作します．
　●正転用電磁接触器 F-MC が動作すると，次の順序〔２〕，および次ページの順序〔３〕，〔４〕の動作が同時に行われます．

シーケンス動作図

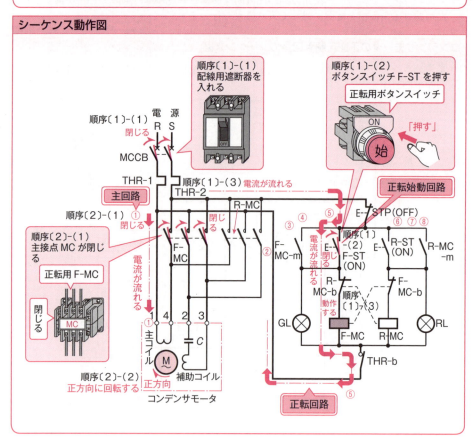

モータ主回路の動作　　　　　　　　　　●順序〔２〕●

▶（１）　正転用電磁接触器 F-MC が動作すると主回路①の主接点 F-MC が閉じます．
▶（２）　正転用電磁接触器の主接点 F-MC が閉じると，コンデンサモータ M に電流が流れ，コンデンサモータは正方向に回転します．

自己保持回路・正転表示灯回路の動作　　　●順序〔3〕●

▶（1）正転用電磁接触器 F-MC が動作すると，自己保持回路④の自己保持メーク接点 F-MC-m が閉じて，自己保持します．

▶（2）正転始動回路⑤の正転用ボタンスイッチ F-ST（ON）の押す手を離して開いても，自己保持回路④のメーク接点 F-MC-m を通って，電磁コイル F-MC に電流が引き続き流れ，正転用電磁接触器 F-MC は動作を継続します．

▶（3）自己保持メーク接点 F-MC-m が閉じると，正転表示灯回路③に電流が流れ，緑色ランプ GL が点灯します．

シーケンス動作図

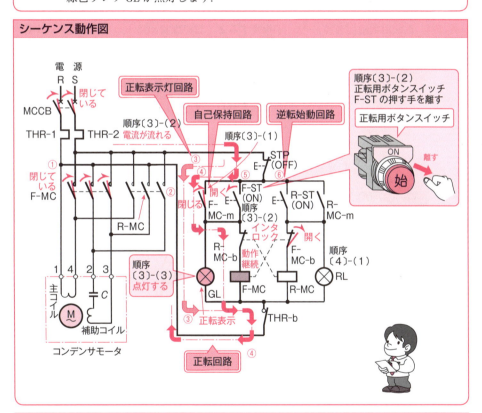

インタロック回路の動作　　　●順序〔4〕●

▶（1）正転用電磁接触器 F-MC が動作すると，逆転始動回路⑥のブレーク接点 F-MC-b が開き，逆転用電磁接触器 R-MC をインタロックします．

　説明　●逆転用ボタンスイッチ R-ST（ON）を押しても，インタロックされているので，逆転用電磁接触器 R-MC は動作しません．

❸ コンデンサモータの停止動作

停止回路の動作〔1〕　　　　　　　　　　　　　　　　　　　　　●順序〔5〕●

▶（1）　自己保持回路④の停止用ボタンスイッチ STP（OFF）を押すと開きます。
▶（2）　停止用ボタンスイッチ STP（OFF）を押して開くと，自己保持回路④の電磁コイル F-MC ▢ に電流は流れなくなり，正転用電磁接触器 F-MC が復帰します。
　　　　● 正転用電磁接触器 F-MC が復帰すると，次の（3），（5），および次のページの順序（7）の動作が同時に行われます。
▶（3）　正転用電磁接触器 F-MC が復帰すると，主回路①の主接点 F-MC が開きます。
▶（4）　正転用電磁接触器の主接点 F-MC が開くと，コンデンサモータ M に電流は流れず，コンデンサモータは停止します。
▶（5）　正転用電磁接触器 F-MC が復帰すると，自己保持回路④の自己保持メーク接点 F-MC-m が開き，自己保持を解きます。

シーケンス動作図

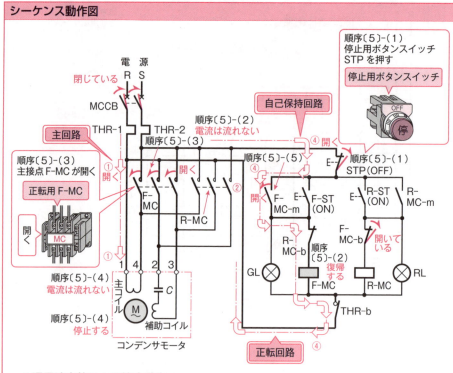

● 過電流事故による停止動作 ●

※コンデンサモータの過負荷などにより過電流が流れると，熱動過電流リレー THR のヒータ THR-1，THR-2 が加熱されて動作しブレーク接点 THR-b が開き，電磁接触器が復帰して主接点 MC を開くので，コンデンサモータは停止します。

停止回路の動作(2)　　　　　　　　　　　　　　　●順序(5)●

▶(6) 正転用電磁接触器の自己保持メーク接点 F-MC-m が開くと，正転表示灯回路 ③に電流は流れず，緑色ランプ GL が消灯します．
▶(7) 正転用電磁接触器 F-MC が復帰すると，逆転始動回路⑥のブレーク接点 F-MC-b が閉じて，逆転用電磁接触器 R-MC のインタロックを解きます．
▶(8) 回路④の停止用ボタンスイッチ STP (OFF)の押す手を離して閉じても，回路⑤および回路④の正転用ボタンスイッチ F-ST (ON)および自己保持メーク接点 F-MC-m が開いているので，コイル F-MC には，電流は流れません．

これで，すべての動作は，もとの順序(1)の状態に戻ります．

シーケンス動作図

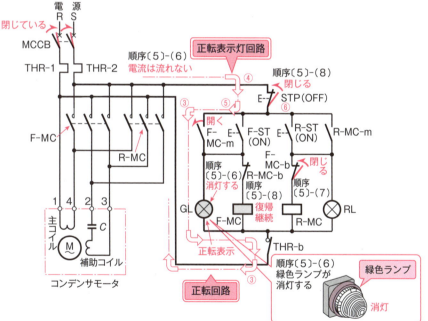

●正転，逆転の切換動作●

※コンデンサモータを正転から逆転に，また，逆転から正転にするには，お互いにインタロックされておりますので，必ず停止ボタンスイッチ STP (OFF)を押して停止動作を行ってからでないと，切り換わりません．
●逆転運転のシーケンス動作は，正転運転と動作順序がまったく同じですから，省略させてもらいます．ひとつ，ご自分で考えてみてください．

4-3　電動機の寸動運転制御回路

① 電動機の寸動運転制御回路の実際配線図とシーケンス図

電動機の寸動運転制御回路の実際配線図

※電動機の寸動運転（インチング）制御回路の実際配線図の一例を示したのが下図です．電動機回路の直接の開閉は，電磁接触器 MC で行います．そして，この電磁接触器 MC は，連続運転用の始動ボタンスイッチ PBS$_入$ および停止ボタンスイッチ PBS$_切$ のほかに，寸動ボタンスイッチ PBS$_{寸動}$ を一つにまとめた三点押しボタンスイッチで操作します．

〔例〕

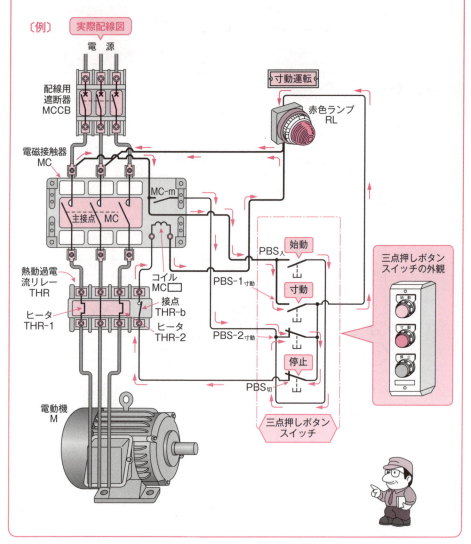

電動機の寸動運転とは

❖ 電動機の始動・停止制御回路では，始動ボタンスイッチを押すと，電動機が始動し，その後，始動ボタンスイッチから手を離しても，自己保持回路により，電磁接触器は動作し続けて，電動機は回転し続けます．これに対して，寸動ボタンスイッチを押している間だけ，電動機が回転し，寸動ボタンスイッチから手を離すと，電動機が停止するような制御を "**電動機の寸動運転**" といい "**インチング**（Inching）" ともいいます．

❖ この寸動運転は，俗に "**チョイ回し**" ともいい，機械の微小運転を得るために微小時間の操作を1回または繰り返し行うことをいい，旋盤の心出し，ポンプの回転方向の確認などに用いられております．

電動機の寸動運転制御回路のシーケンス図

❖ 電動機の寸動運転制御回路の実際配線図を，シーケンス図に書き換えたのが下図です．この回路では，連続運転用の始動ボタンスイッチおよび停止ボタンスイッチのほかに，寸動ボタンスイッチとして，1メーク1ブレーク接点（メーク接点とブレーク接点とが連動する）を用いて，電磁接触器を動作させると同時に，自己保持回路を開きます．そして，電動機が寸動運転をしているときは赤色ランプが点灯します．

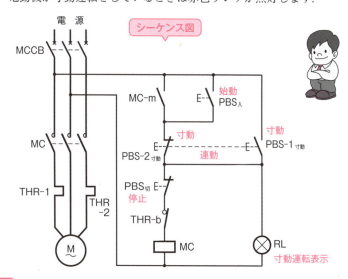

文字記号

MCCB	：配線用遮断器
MC	：電磁接触器
THR	：熱動過電流リレー
$PBS_入$	：始動ボタンスイッチ
$PBS-1_{寸動}$	
$PBS-2_{寸動}$	：寸動ボタンスイッチ
$PBS_切$	：停止ボタンスイッチ
RL	：赤色ランプ（寸動運転表示）

❷ 電動機の寸動運転動作

寸動ボタンスイッチを押しているときの動作　●順序〔1〕●

❖寸動ボタンスイッチを押すと電動機は始動し，ボタンを押している間だけ回転します．

▶(1)　電源の配線用遮断器MCCB（電源スイッチ）のレバーを「ON」にして，電源を投入します．

▶(2)　寸動ボタンスイッチを押すと，寸動運転回路④のメーク接点PBS-1寸動が閉じます．

▶(3)　寸動ボタンスイッチを押すと，自己保持回路②の寸動ボタンスイッチのブレーク接点PBS-2寸動が開きます．

　●寸動ボタンスイッチは，メーク接点PBS-1寸動と，ブレーク接点PBS-2寸動が連動機構となっているので，順序（2），（3）の動作が同時に行われます．

▶(4)　寸動ボタンスイッチのメーク接点PBS-1寸動が閉じると，寸動表示灯回路⑤に電流が流れ，赤色ランプRLが点灯します．

▶(5)　寸動ボタンスイッチのメーク接点PBS-1寸動が閉じると，寸動運転回路④の電磁コイルMC　　に電流が流れ，電磁接触器MCが動作します．

▶(6)　電磁接触器MCが動作すると，主回路①の主接点MCが閉じます．

▶(7)　電磁接触器の主接点MCが閉じると，主回路①の電動機Mに電流が流れ，電動機は始動し，回転します．

▶(8)　電磁接触器が動作すると，自己保持回路②のメーク接点MC-mが閉じます．

　●メーク接点MC-mが閉じても，自己保持回路②は寸動ボタンスイッチのブレーク接点PBS-2寸動が「開」いているので，電磁接触器MCは自己保持しません．

シーケンス動作図

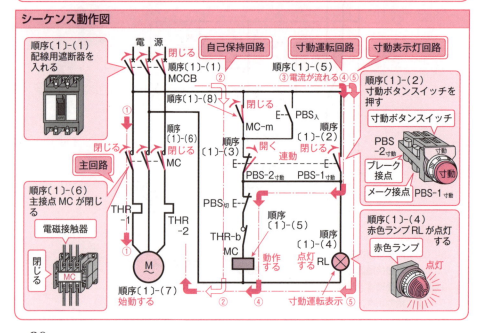

寸動ボタンスイッチの押している手を離したときの動作　●順序〔2〕

※寸動ボタンスイッチの押している手を離すと，電動機は停止します。

▶（1）寸動ボタンスイッチの押す手を離すと，寸動運転回路④の寸動ボタンスイッチのメーク接点 PBS-1 寸動 が開きます．

▶（2）寸動ボタンスイッチの押す手を離すと，連動している自己保持回路②の寸動ボタンスイッチのブレーク接点 PBS-2 寸動 が閉じます．

▶（3）寸動ボタンスイッチのメーク接点 PBS-1 寸動 が開くと，寸動表示灯回路⑤に電流は流れず，赤色ランプ RL は消灯します．

▶（4）寸動ボタンスイッチのメーク接点 PBS-1 寸動 が開くと，寸動運転回路④の電磁コイル MC に電流は流れず，電磁接触器 MC が復帰します．

▶（5）電磁接触器 MC が復帰すると，主回路①の主接点 MC が開きます．

▶（6）電磁接触器の主接点 MC が開くと，主回路①の電動機 M に電流は流れず，電動機は停止します．

▶（7）電磁接触器 MC が復帰すると，自己保持回路②のメーク接点 MC-m が開きます．

シーケンス動作図

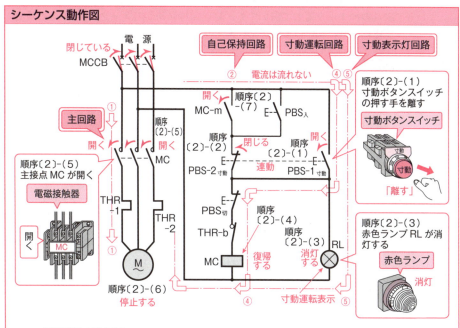

● 寸動運転するには ●

※電動機を寸動運転するには，寸動ボタンスイッチを押したり（順序〔1〕）（80ページ参照），また寸動ボタンスイッチから手を離したり（順序〔2〕）することを繰り返して，電動機の微小時間の運転・停止を行います．

③ 電動機の連続運転動作

連続運転の始動動作　●順序〔3〕●

※始動ボタンスイッチを押すと，電動機は始動し，連続して運転されます。

▶（1）電源の配線用遮断器 MCCB（電源スイッチ）のレバーを「ON」にして，電源を投入します。
▶（2）始動停止回路③の始動ボタンスイッチ PBS入 を押すと閉じます。
▶（3）始動ボタンスイッチのメーク接点 PBS入 が閉じると，始動停止回路③の電磁コイル MC に電流が流れ，電磁接触器 MC が動作します。
▶（4）始動ボタンスイッチのメーク接点 PBS入 が閉じると，ランプ回路④に電流が流れ，赤ランプ RL が点灯します（運転表示）。
▶（5）電磁接触器 MC が動作すると，主回路①の主接点 MC が閉じます。
▶（6）電磁接触器の主接点 MC が閉じると，主回路①の電動機 M に電流が流れ，電動機は始動し，回転します。
▶（7）電磁接触器 MC が動作すると，自己保持回路②のメーク接点 MC-m が閉じ，自己保持します。
▶（8）始動停止回路③の始動ボタンスイッチ PBS入 の押す手を離すと開きます。
  ● PBS入 の押す手を離して開いても，自己保持回路②のメーク接点 MC-m を通って電磁接触器 MC に電流が流れますので，電動機 M は連続して運転されます。

シーケンス動作図

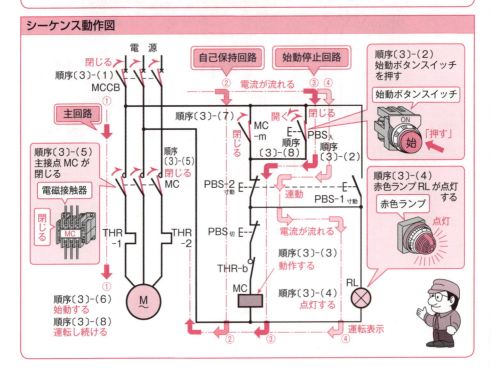

連続運転の停止動作 ●順序〔4〕●

※停止ボタンスイッチを押すと，電動機は停止します．

▶（1）自己保持回路②の停止ボタンスイッチPBS切を押すと開きます．
▶（2）停止ボタンスイッチPBS切を押して開くと，自己保持回路②の電磁コイルMC □に電流は流れず，電磁接触器MCが復帰します．
▶（3）電磁接触器MCが復帰すると，主回路①の主接点MCが開きます．
▶（4）電磁接触器の主接点MCが開くと，主回路①の電動機Mに電流は流れず，電動機は停止します．
▶（5）電磁接触器MCが復帰すると，自己保持回路②のメーク接点MC-mが開き，自己保持を解きます．
▶（6）自己保持回路②の停止ボタンスイッチPBS切の押す手を離すと閉じます．
● PBS切の押す手を離して閉じても，自己保持回路②のメーク接点MC-mが開いているので，電磁接触器MCに電流は流れず，動作しません．

シーケンス動作図

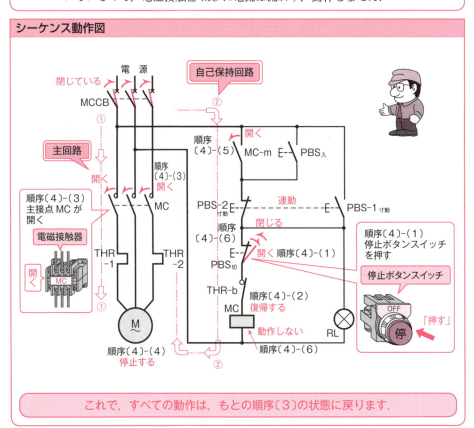

これで，すべての動作は，もとの順序〔3〕の状態に戻ります．

4-4　電動機の逆相制動制御回路

1　電動機の逆相制動制御回路の実際配線図とシーケンス図

電動機の逆相制動制御回路の実際配線図

※ 電動機の逆相制動（プラッギング）制御回路の実際配線図の一例を示したのが下図です．電動機の逆相制動に際しては，逆相制動ボタンスイッチを押し，正転から逆転へ切り換えて，制動をかけるわけですが，正転用電磁接触器と逆転用電磁接触器との同時投入の危険を避けるため，中間にタイムラグリレーを介して，その動作時間だけ余分に遅れをとるとともに，逆転回路をプラッギングリレー（逆相制動で逆転を防止する目的で使用するリレー）を用いて開路し，自動的に切り離すようにします．

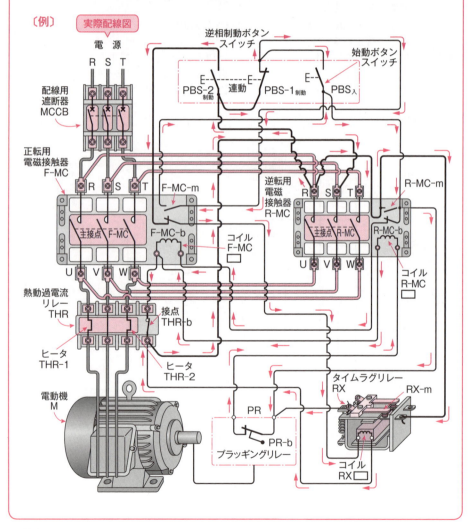

電動機の逆相制動とは

❋ 三相誘導電動機では，電動機端子のうち，いずれかの二相を入れ換えると，逆方向に回転します．これを利用して，正方向に回転している電動機を停止させたいときに，逆相電圧を加えて，逆方向のトルクを発生させると，電動機を強引に急停止させることができます．これを**電動機の逆相制御**（プラッギング（plugging））または**逆トルク制動**といいます．

電動機の逆相制動制御回路のシーケンス図

❋ 電動機の逆相制動制御回路の実際配線図をシーケンス図に書き換えたのが下図です．

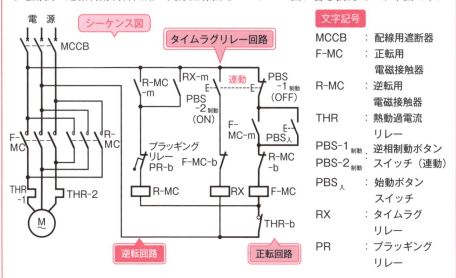

❋ 電動機の正逆転制御については，「絵ときシーケンス制御読本（入門編）」をご覧ください．

タイムラグリレーの働き

❋ 電動機の正逆転制御では，正方向回転中に停止ボタンスイッチを押さずに，逆転用ボタンスイッチを押しても，電気的にインタロックされているため逆回転はしませんが，逆相制動では，正方向回転からただちに逆方向に回転させるわけですから，正転用電磁接触器 F-MC と逆転用電磁接触器 R-MC が同時に投入する電源短絡事故の危険性があります．そこで，逆相制動に際しては，逆相制動ボタンスイッチを押して，正転回路を開路すると同時に，タイムラグリレー RX を動作させ，このタイムラグリレーの動作によって逆転回路を閉路するようにすれば，その動作時間だけ遅れ，正転用電磁接触器 F-MC と逆転用電磁接触器 R-MC の同時投入を避けることができます．

❷ 電動機の正転運転動作

正転運転の始動動作　　　　　　　　　　　　　　　　●順序〔1〕●

※始動ボタンスイッチを押すと，電動機は始動し，正方向に回転します。

▶(1)　電源の配線用遮断器 MCCB（電源スイッチ）のレバーを「ON」にして，電源を投入します。

▶(2)　始動回路⑦の始動ボタンスイッチ PBS入 を押すと閉じます。

▶(3)　始動ボタンスイッチのメーク接点 PBS入 を押して閉じると，始動回路⑦の電磁コイル F-MC ▨ に電流が流れ，正転用電磁接触器 F-MC が動作します。

・正転用 F-MC が動作すると，次の(4)，(6)，(7)の動作が同時に行われます。

▶(4)　正転用 F-MC が動作すると，主回路①の正転用の主接点 F-MC が閉じます。

▶(5)　正転用電磁接触器の主接点 F-MC が閉じると，主回路①の電動機 M に電流が流れ，電動機は始動し，正方向に回転します。

▶(6)　正転用電磁接触器 F-MC が動作すると，正転回路の自己保持回路⑥のメーク接点 F-MC-m が閉じ，自己保持します。

▶(7)　正転用電磁接触器 F-MC が動作すると，タイムラグリレー回路⑤のブレーク接点 F-MC-b が開き，タイムラグリレー RX をインタロックします。

▶(8)　始動回路⑦の始動ボタンスイッチ PBS入 の押す手を離しても，自己保持回路⑥を通って，正転用 F-MC が動作しますので，電動機は連続して運転されます。

シーケンス動作図

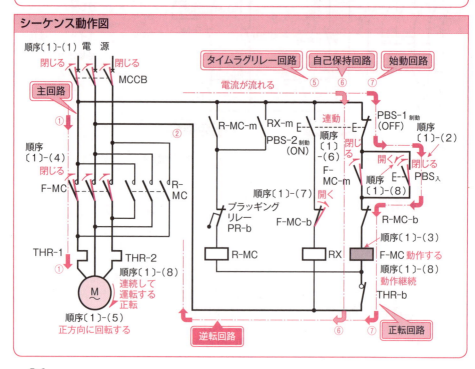

正転運転回路の「開路」動作　　　　　　　　　　　　　●順序〔2〕

※逆相制動ボタンスイッチを押すと連動して順序〔2〕と順序〔3〕が同時に行われます。そして正転回路が「開路」して、電動機は瞬間的に電圧が印加されない状態となります。

▶（1）　逆相制動ボタンスイッチを押すと、自己保持回路⑥のブレーク接点 PBS-1 制動が開き、タイムラグリレー回路⑤のメーク接点 PBS-2 制動が閉じます。

▶（2）　逆相制動ボタンスイッチのブレーク接点 PBS-1 制動が開くと、自己保持回路⑥の電磁コイル F-MC ☐ に電流は流れず、正転用電磁接触器 F-MC は復帰します。
　　●正転用電磁接触器 F-MC が復帰すると、次の（3）、（5）、（6）の動作が、同時に行われます。

▶（3）　正転用 F-MC が復帰すると、主回路①の正転用の主接点 F-MC が開きます。

▶（4）　正転用電磁接触器の主接点 F-MC が開くと、主回路①の電動機 M には、電圧が印加されない状態となります。
　　●電動機に電圧が印加されない状態になっても、電動機は慣性により正方向に回転を続けます。

▶（5）　正転用電磁接触器 F-MC が復帰すると、正転回路の自己保持回路⑥のメーク接点 F-MC-m が開き、自己保持を解きます。

▶（6）　正転用電磁接触器 F-MC が復帰すると、タイムラグリレー回路⑤のブレーク接点 F-MC-b が閉じ、タイムラグリレー RX のインタロックを解きます。

シーケンス動作図

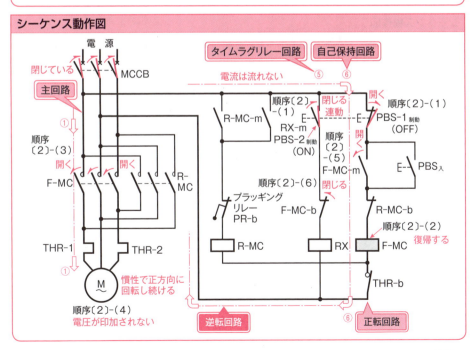

③ 電動機の逆転運転動作

逆転運転回路の「閉路」動作　　　　　　　　　　　　　　　　●順序〔3〕●

※逆相制動ボタンスイッチを押すと電動機は逆方向のトルクを生じ，制動がかかります．
- 逆相制動ボタンを押すと，連動して順序〔2〕と順序〔3〕の動作が同時に行われます．

▶（1）逆相制動ボタンスイッチを押すと，タイムラグリレー回路⑤のメーク接点 PBS-2制動 が閉じ，正転始動回路⑦のブレーク接点 PBS-1制動 が開きます．

▶（2）逆相制動ボタンスイッチのメーク接点 PBS-2制動（ON）が閉じると，電磁コイル RX □ に電流が流れ，タイムラグリレーRX が動作します．

▶（3）タイムラグリレーRX が動作すると，逆転回路の始動回路④のメーク接点 RX-m が閉じます．

▶（4）タイムラグリレーのメーク接点 RX-m が閉じると，逆転回路の始動回路④の電磁コイル R-MC □ に電流が流れ逆転用電磁接触器 R-MC が動作します．

▶（5）逆転用 R-MC が動作すると，主回路②の逆転用の主接点 R-MC が閉じます．

▶（6）逆転用の主接点 R-MC が閉じると，主回路②の電動機 M に印加する電圧の二相が入れ換わるので逆方向のトルクを生じ，正方向回転速度を減速させます．

▶（7）逆転用 R-MC が動作すると，正転回路の始動回路⑦のブレーク接点 R-MC-b が開き，正転用電磁接触器 F-MC をインターロックします．

▶（8）逆転用電磁接触器 R-MC が動作すると，逆転回路の自己保持回路③のメーク接点 R-MC-m が閉じ，自己保持します．

シーケンス動作図

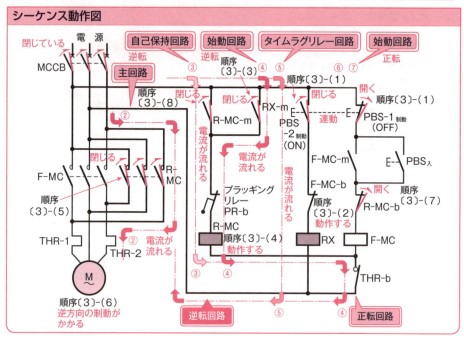

逆転運転回路の「開路」動作　　　　　　　　●順序〔4〕

※電動機が逆方向のトルクによる制動作用により，電動機の正方向回転速度が零に近づくと，プラッギングリレーPR（逆相制動で逆転を防止する目的で使用するリレー）が動作して，逆転運転回路を「開路」し，電動機は停止します。

▶（1）電動機の正方向回転速度が零に近づくと，逆転回路の自己保持回路③のプラッギングリレーPRが動作して，そのブレーク接点PR-bを開きます。

▶（2）プラッギングリレーのブレーク接点PR-bが開くと逆転回路の自己保持回路③のコイルR-MC □ に電流は流れず，逆転用R-MCは復帰します。逆転用R-MCが復帰すると，次の（3），（5），（6）の動作が，同時に行われます。

▶（3）逆転用R-MCが復帰すると，主回路②の逆転用の主接点R-MCが開きます。

▶（4）逆転用電磁接触器の主接点R-MCが開くと，主回路②の電動機Mに，電圧が印加されませんから，電動機は停止します。

▶（5）逆転用電磁接触器R-MCが復帰すると，正転回路の始動回路⑦のブレーク接点R-MC-bが閉じ，正転用電磁接触器F-MCのインタロックを解きます。

▶（6）逆転用電磁接触器R-MCが復帰すると，逆転回路の自己保持回路③のメーク接点R-MC-mが開き，自己保持を解きます。

▶（7）逆相制動ボタンスイッチの押す手を離すと，タイムラグリレー回路⑤のメーク接点PBS-2制動（ON）が開き，正転始動回路⑦のブレーク接点PBS-1制御（OFF）が閉じます。

シーケンス動作図

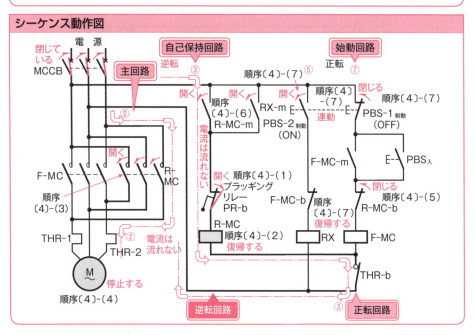

4-5 電動機の始動制御回路のいろいろ

❶ 巻線形誘導電動機の抵抗始動制御回路

巻線形誘導電動機の抵抗始動制御とは

❖ 巻線形誘導電動機は，かご形誘導電動機と異なり，回転子軸上に設けたスリップリングを経て，二次外部抵抗器(始動抵抗器)を挿入し，比例推移の理を利用して始動させます。

❖ この二次外部抵抗を調整することにより，低速時は電流を小さくして，トルクを大きくすることができます。したがって，始動時には，二次外部抵抗を最大にしておき，加速に従い，その二次外部抵抗を順次短絡していきます。

● 接続図 ●

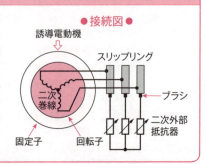

巻線形誘導電動機の抵抗始動制御回路のシーケンス図〔例〕

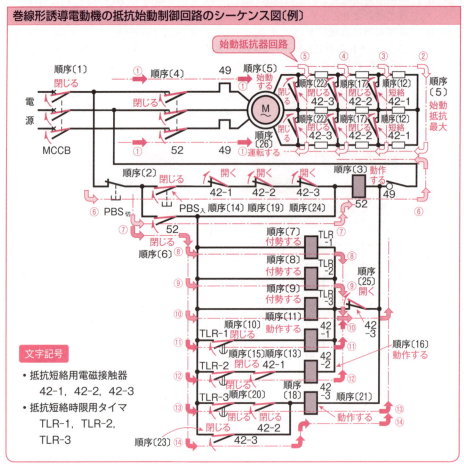

文字記号
- 抵抗短絡用電磁接触器
  42-1，42-2，42-3
- 抵抗短絡時限用タイマ
  TLR-1，TLR-2，TLR-3

巻線形誘導電動機の抵抗始動制御回路のシーケンス動作

※始動ボタンスイッチを押すと，始動抵抗が最大の状態で始動するとともに，抵抗短絡時限用タイマTLR-1，TLR-2，TLR-3が付勢され，それぞれの設定時限に従って動作します．そして，抵抗短絡用電磁接触器42-1，42-2，42-3を順次閉じていき，最後に二次外部抵抗器である始動抵抗器が完全に短絡された状態で，始動が完了します．

●**始動の動作順序**（順序〔1〕～〔6〕）**と始動抵抗短絡の動作順序**（順序〔7〕～〔26〕）●

順序〔1〕 電源の配線用遮断器MCCBを投入し，閉じます．
〔2〕 ⑥回路の始動ボタンスイッチPBS入を押すと閉じます．
〔3〕 始動ボタンスイッチのメーク接点PBS入を押して閉じると，⑥回路の電磁コイル52 ▨ に電流が流れ，電磁接触器52が動作します．
〔4〕 電磁接触器52が動作すると，①回路の主接点52が閉じます．
〔5〕 主接点52が閉じると電動機Mは始動抵抗が最大の②回路状態で始動します．
〔6〕 電磁接触器52が動作すると⑦回路のメーク接点52が閉じ，自己保持します．
〔7〕～〔9〕 ⑦回路のメーク接点52が閉じると，⑧，⑨，⑩回路の抵抗短絡時限用タイマTLR-1，TLR-2，TLR-3が同時に付勢されます．
〔10〕 タイマTLR-1の設定時限が経過すると，⑪回路の限時動作瞬時復帰メーク接点TLR-1が閉じます．
〔11〕 接点TLR-1が閉じると⑪回路の抵抗短絡用電磁接触器42-1が動作します．
〔12〕 42-1が動作すると，始動抵抗器回路の③回路の主接点42-1が閉じ，短絡します．
〔13〕 42-1が動作すると，⑫回路のメーク接点42-1が閉じます．
〔14〕 42-1が動作すると，⑥回路のブレーク接点42-1が開きます．
〔15〕 タイマTLR-2の設定時限が経過すると，⑫回路の限時動作瞬時復帰メーク接点TLR-2が閉じます．
〔16〕 接点TLR-2が閉じると，⑫回路の抵抗短絡用電磁接触器42-2が動作します．
〔17〕 42-2が動作すると，始動抵抗器回路の④回路の主接点42-2が閉じ，短絡します．
〔18〕 42-2が動作すると，⑬回路のメーク接点42-2が閉じます．
〔19〕 42-2が動作すると，⑥回路のブレーク接点42-2が開きます．
〔20〕 タイマTLR-3の設定時限が経過すると，⑬回路の限時動作瞬時復帰メーク接点TLR-3が閉じます．
〔21〕 接点TLR-3が閉じると，⑬回路の抵抗短絡用電磁接触器42-3が動作します．
〔22〕 42-3が動作すると，始動抵抗器回路の⑤回路の主接点42-3が閉じ，短絡します．
〔23〕 42-3が動作すると，⑭回路のメーク接点42-3が閉じ，自己保持します．
〔24〕 42-3が動作すると，⑥回路のブレーク接点42-3が開きます．
〔25〕 42-3が動作すると，⑩回路のブレーク接点42-3が開きます．
〔26〕 電動機Mは，始動抵抗器回路が完全に短絡された状態で，運転されます．

❷ 電動機の始動リアクトルによる始動制御回路

電動機の始動リアクトルによる始動制御とは

❖ **電動機の始動リアクトルによる始動制御**とは，電動機の一次側回路に直列に始動リアクトル（鉄心リアクトル）Xを挿入して，始動時には，これによるリアクタンス電圧降下により，電動機に加わる電圧を下げ，速度が上昇したのちは，始動リアクトルを短絡して，全電圧が電動機に印加されるようにする減電圧始動法をいいます．

❖ 電動機の始動用電磁接触器の主接点 ST-MC は始動リアクトルXと直列に接続し，また，運転用電磁接触器の主接点 RN-MC は，これらを短絡するように並列に接続します．運転用電磁接触器 RN-MC の加速時の投入時限は，タイマ TLR により設定します．

始動リアクトルによる始動制御回路のシーケンス動作

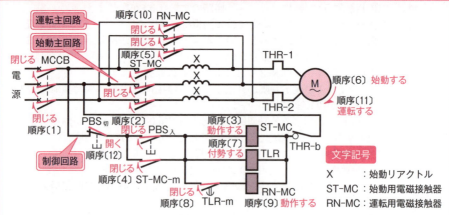

● シーケンス動作 ●

動作〔1〕 電源スイッチである配線用遮断器 MCCB を投入してから，始動ボタンスイッチ PBS入 を押して閉じると，始動用電磁接触器 ST-MC が動作して，自己保持メーク接点 ST-MC-m および始動主回路の主接点 ST-MC が閉じます．

〔2〕 始動用電磁接触器の主接点 ST-MC が閉じると，始動電流による始動リアクトルのリアクタンスによる電圧降下分だけ，電源電圧が減圧され，電動機に印加されて始動します．と同時に，タイマ TLR が付勢されます．

〔3〕 タイマ TLR の設定時限（電動機が加速するのに要する時間に設定する）が経過しますと，タイマ TLR が動作して限時動作瞬時復帰メーク接点 TLR-m が閉じ，運転用電磁接触器 RN-MC を動作させます．

〔4〕 運転用電磁接触器 RN-MC が動作すると，運転主回路の主接点 RN-MC が閉じ，始動リアクトルXの回路を短絡しますので，電動機には電源の全電圧が印加され，運転状態となります．

〔5〕 停止ボタンスイッチ PBS切 を押せば，すべての制御回路に電流は流れなくなりますので，電動機は停止します．

③ 電動機の始動補償器による始動制御回路

電動機の始動補償器による始動制御とは

❖ **電動機の始動補償器による始動制御**とは，始動の際に，単巻変圧器（始動補償器）により，降圧した電圧を電動機に印加し，電動機が加速したのちに，始動補償器である単巻変圧器を短絡して，電源電圧を直接印加する減電圧始動法をいいます．

始動補償器による始動制御回路のシーケンス動作

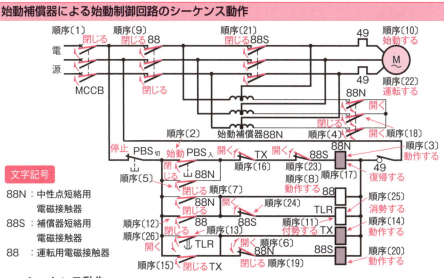

文字記号
- 88N：中性点短絡用電磁接触器
- 88S：補償器短絡用電磁接触器
- 88 ：運転用電磁接触器

● シーケンス動作 ●

動作〔1〕 電源スイッチである配線用遮断器 MCCB を投入してから，始動ボタンスイッチ PBS入 を押して閉じると，中性点短絡用電磁接触器 88N が動作して，その主接点 88N が閉じるとともに，自己保持します．

〔2〕 中性点短絡用電磁接触器 88N が動作すると，ブレーク接点 88N が開きメーク接点 88N が閉じ運転用電磁接触器 88 が動作して，その主接点 88 を閉じますので，電動機には電源電圧を減圧した単巻変圧器（始動補償器）の二次線間電圧が印加して電動機は始動します．と同時にタイマ TLR が付勢されます．

〔3〕 タイマ TLR の設定時限（電動機の加速に要する時間に設定する）が経過すると，タイマは動作して，その限時動作瞬時復帰メーク接点 TLR を閉じますので，補助リレー TX が動作して，メーク接点 TX を閉じて自己保持し，ブレーク接点 TX を開いて，中性点短絡用電磁接触器 88N を復帰させます．

〔4〕 88N が復帰すると，主接点 88N が開いて単巻変圧器の中性点が開きますので，単巻変圧器の巻線の一部はリアクトルとして作用し，電流を制限します．

〔5〕 中性点短絡用電磁接触器 88N が復帰すると，ブレーク接点 88N が閉じ補償器短絡用電磁接触器 88S が動作して主接点 88S が閉じ，このリアクトル部分を短絡しますので，電動機には全電圧が印加され運転状態となります．

④ 電動機の極数変換による速度制御回路

電動機の極数変換による速度制御とは

❖ 三相誘導電動機の回転速度 N は，

$$N = \frac{120f}{p}(1-s)$$

ただし，f：周波数　p：極数　s：すべり

で表されるため，電動機の固定子巻線の極数を変換することによって，電動機の速度を制御することができます．

電動機の極数変換による速度制御回路のシーケンス動作

❖ 電動機の固定子巻線として，高速用および低速用と極数の異なる二つの巻線を施して，それらを切り換えることにより極数を変換し，速度制御する場合を示します．

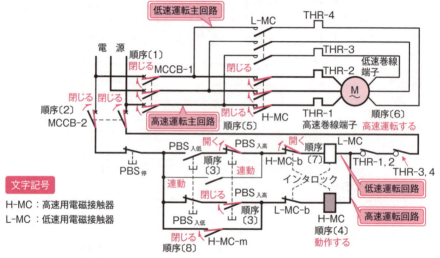

文字記号
H-MC：高速用電磁接触器
L-MC：低速用電磁接触器

● シーケンス動作 ●

動作〔1〕　**高速運転の動作**…高速始動用ボタンスイッチ PBS$_{入高}$ を押すと，高速用電磁接触器 H-MC が動作して，高速運転主回路の主接点 H-MC を閉じ，電動機 M の高速巻線端子に電圧を印加しますので，電動機は高速運転します．停止ボタンスイッチを押すと，H-MC が復帰して，電動機 M は停止します．

〔2〕　**高速－低速の切り換えの動作**…高速から低速に，または低速から高速に切り換えるには，相互にインタロックされておりますから，一度，停止ボタンスイッチ PBS$_{停}$ を押してからでないとできません．

〔3〕　**低速運転の動作**…低速始動用ボタンスイッチ PBS$_{入低}$ を押すと，低速用電磁接触器 L-MC が動作して，低速運転主回路の主接点 L-MC を閉じ，電動機 M の低速巻線端子に電圧を印加しますので，電動機は低速運転します．停止ボタンスイッチ PBS$_{停}$ を押すと，L-MC が復帰して電動機は停止します．

第5章

温度制御の実用基本回路

この章のポイント

この章では，温度スイッチを用いた温度制御について，実際の装置例をもとに，基本的な動作の内容を充分に理解してもらうのが目的です．

（1） 温度スイッチとしては，電子式温度スイッチのしくみと温度変化による動作順序を示す「温度チャート」について，わかりやすく説明してあります．

（2） 蒸気で加熱されるタンクの温度制御装置において，設定温度以上になると警報を発する「温度スイッチを用いた警報回路」をとりあげておきましたので，安全・監視機器としての温度スイッチの働きを，よく考えてください．

（3） 温度スイッチと三相ヒータを組み合わせた「電気炉の温度制御回路」について，実際の配線図を示しておきましたので，加熱始動・停止および警報の動作を順を追ってみてください．

（4） 温水および冷水による暖・冷房制御の基本である「加熱・冷却二段温度制御回路」は，温度スイッチと電磁弁とを組み合わせた制御です．その温度チャートをもとに，温度変化による動作順序をよく調べてみましょう．

5-1　温度スイッチを用いた警報回路

❶ 温度スイッチを用いた警報回路の実際配線図とシーケンス図

温度スイッチを用いた警報回路の実際配線図

※下図は，加熱蒸気を供給して，タンク内の温度を上昇させる温度制御装置において，温度スイッチを用いた警報回路の実際配線図の一例を示したものです。この回路は，タンク内の温度が温度スイッチの設定温度以上になると，温度スイッチが動作して，ブザーが鳴り，警報を発します。

〔例〕

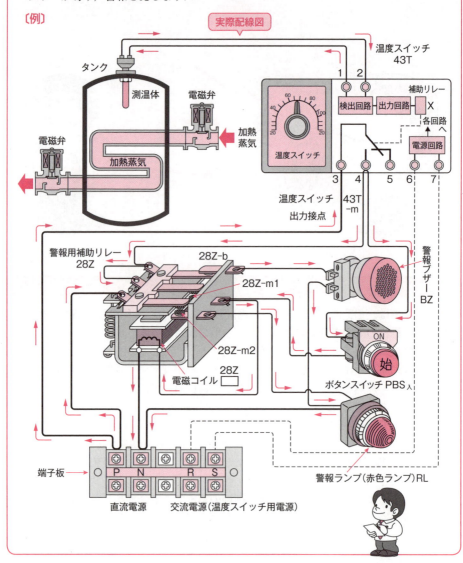

温度スイッチと温度チャート

❋ **温度スイッチ**（Temperature Switch）とは，温度が予定値に達したとき，動作する検出スイッチをいいます．

● **電子式温度スイッチ** ●

❋ **電子式温度スイッチ**は，温度変化に反比例して抵抗値が変化するサーミスタ（半導体）を感熱素子（測温体）とし，この抵抗値の変化を検出，増幅して，リレーを動作させるしくみとなっております．

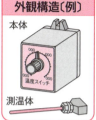

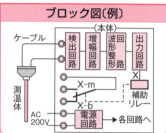

温度スイッチの温度チャート

❋ 温度スイッチは，温度を上昇させていくときと，下降させていくときとで，動作点が異なります．この二つの動作点の間隔を「**動作すきま**」といいます．

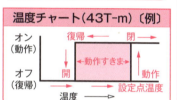

温度スイッチを用いた警報回路のシーケンス図

❋ 温度スイッチを用いた警報回路の実際配線図をシーケンス図に書き換えたのが下図です．この回路では，温度スイッチ43Tの設定温度以上に，タンク内の温度が上昇すると，温度スイッチ43Tが動作しメーク接点43T-mが閉じて，警報ブザーBZが鳴り，警報を発します．次にボタンスイッチPBS入を押すと，警報ブザーBZが鳴り止むと同時に，赤色ランプRLの点灯に切り換わって，警報表示をします．

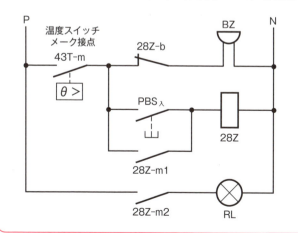

文字記号

- 43T-m ：温度スイッチのメーク接点
- BZ ：警報ブザー
- 28Z ：警報用補助リレー
- RL ：赤色ランプ

❷ 温度スイッチを用いた警報回路のシーケンス動作

警報回路の動作順序

※タンク内の温度が上昇して，温度スイッチ 43T の設定温度以上になると，温度スイッチ 43T が動作して，警報ブザー BZ が鳴ります。

順序〔1〕 温度スイッチ 43T が設定温度以上になると，温度スイッチ 43T は動作して，①回路のメーク接点 43T-m が閉じます。

〔2〕 温度スイッチのメーク接点 43T-m が閉じると，①回路に電流が流れ，警報ブザー BZ が鳴り，警報を発します。

〔3〕 ②回路のボタンスイッチ PBS_入を押すと，そのメーク接点が閉じます。

〔4〕 ボタンスイッチのメーク接点 PBS_入が閉じると，②回路の電磁コイル 28Z ■に電流が流れ，警報用補助リレー 28Z が動作します。

● 警報用補助リレー 28Z が動作すると，次の順序〔5〕，〔7〕，〔9〕の動作が同時に行われます。

〔5〕 補助リレー 28Z が動作すると，①回路のブレーク接点 28Z-b が開きます。

〔6〕 接点 28Z-b が開くと，①回路に電流は流れず，警報ブザーが鳴り止みます。

〔7〕 補助リレー 28Z が動作すると，④回路のメーク接点 28Z-m2 が閉じます。

〔8〕 警報用補助リレーのメーク接点 28Z-m2 が閉じると，④回路に電流が流れ，赤色ランプ RL が点灯します。

〔9〕 警報用補助リレー 28Z が動作すると，③回路の自己保持メーク接点 28Z-m1 が閉じ，自己保持します。

〔10〕 ②回路のボタンスイッチ PBS_入の押す手を離しても，③回路を通って，コイル 28Z ■に電流が流れるので，警報用補助リレー 28Z は動作し続けます。

シーケンス動作図

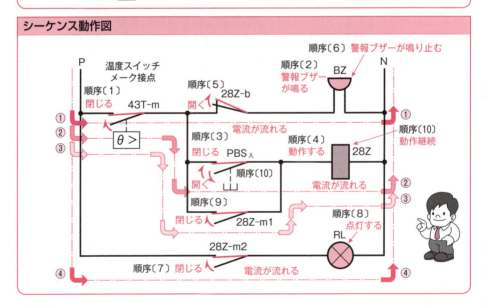

5-2 三相ヒータの温度制御回路

❶ 三相ヒータの温度制御回路の実際配線図とシーケンス図

三相ヒータの温度制御回路の実際配線図

❖下図は，2個の温度スイッチを用いて，熱源としての三相ヒータを開閉し，電気炉内の温度を一定に保つとともに，温度スイッチが設定温度以上になると，警報ブザーが鳴るようにした三相ヒータの温度制御回路の実際配線図の一例を示したものです．

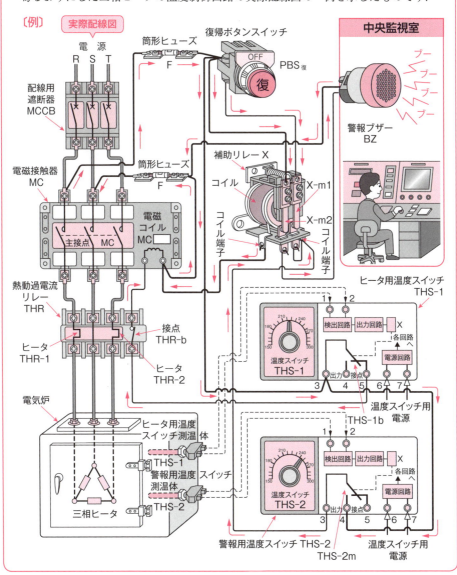

❶ 三相ヒータの温度制御回路の実際配線図とシーケンス図（つづき）

三相ヒータの温度制御回路のシーケンス図

※三相ヒータの温度制御回路の実際配線図をシーケンス図に書き換えたのが下図です。

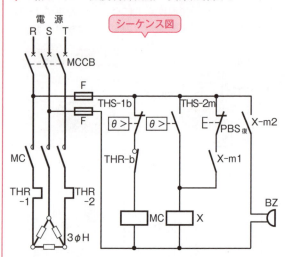

文字記号

- MCCB ：配線用遮断器
- MC ：電磁接触器
- THR ：熱動過電流リレー
- 3φH ：三相ヒータ
- THS-1 ：ヒータ用温度スイッチ
- THS-2 ：警報用温度スイッチ
- PBS復 ：復帰ボタンスイッチ
- X ：補助リレー
- BZ ：警報ブザー

※電気炉内温度が上昇して，ヒータ用温度スイッチ THS-1 の制御設定点温度以上になると，ヒータ用温度スイッチ THS-1 は動作して，そのブレーク接点が開路し，電磁接触器 MC を復帰させ，ヒータ回路を切りますので，ヒータは加熱を停止します。そして，電気炉内温度が下がると，ヒータ用温度スイッチ THS-1 が復帰して，そのブレーク接点を閉路し，電磁接触器 MC を動作させますので，ヒータは加熱します。

※電気炉内温度が上昇しすぎて，警報用温度スイッチ THS-2 の警報点設定温度以上になると，警報用温度スイッチ THS-2 が動作して，そのメーク接点が閉路し，警報ブザー BZ を鳴らし，警報を発します。そして，電気炉内温度が下がっても，復帰ボタンスイッチ PBS復 を押すまでは，警報ブザーは鳴り続けます。

三相ヒータの温度制御回路の温度チャート〔例〕

※三相ヒータの開閉を行うヒータ用温度スイッチ THS-1 の制御設定点温度と，警報ブザーを鳴らす警報用温度スイッチ THS-2 の警報点設定温度との関係を温度チャートに示したのが右図です。

❷ 三相ヒータの加熱動作

加熱始動の動作 ●順序〔1〕●

- ▶(1) 電源の配線用遮断器 MCCB（電源スイッチ）のレバーを「ON」にして，電源を投入し閉じます．
- ▶(2) 配線用遮断器 MCCB を投入し閉じると，始動・停止制御回路①の電磁コイル MC ▭ に電流が流れ，電磁接触器 MC が動作します．
- ▶(3) 電磁接触器 MC が動作すると，主回路②の主接点 MC が閉じます．
- ▶(4) 電磁接触器の主接点 MC が閉じると，三相ヒータ $3\phi H$ に電流が流れ，ヒータは加熱，始動します．

シーケンス動作図

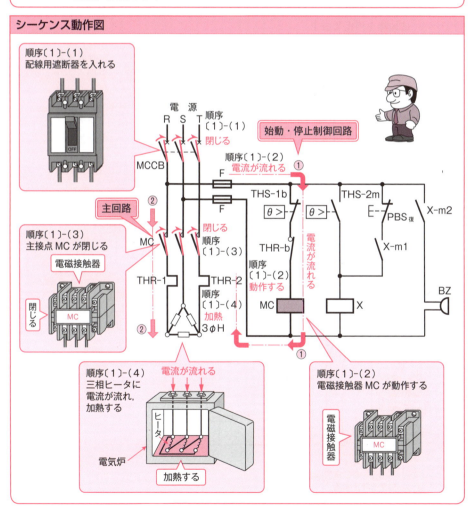

❷ 三相ヒータの加熱動作（つづき）

加熱停止の動作　　　　　　　　　　　　　　　　　　　　　●順序〔2〕●

※三相ヒータの加熱により，制御設定点以上の温度になると，ヒータ用温度スイッチ THS-1 が動作して，加熱を停止します。

▶（1）制御設定点温度以上の温度 T_2（100 ページの温度チャート参照）になると，ヒータ用温度スイッチ THS-1 が動作してそのブレーク接点 THS-1b を開きます。

▶（2）ヒータ用温度スイッチ THS-1 のブレーク接点 THS-1b が開くと始動・停止制御回路①のコイル MC に電流は流れず電磁接触器 MC は復帰します。

▶（3）電磁接触器 MC が復帰すると，主回路②の主接点 MC が開きます。

▶（4）電磁接触器の主接点 MC が開くと，三相ヒータ $3\phi H$ に電流は流れず，ヒータは加熱を停止します。

説　明

- 三相ヒータの故障などにより，主回路に過電流が流れると，熱動過電流リレー THR が動作して，始動・停止制御回路のブレーク接点 THR-b を開き，上記の順序〔2〕-（2）～（4）と同じ動作が行われて，三相ヒータは加熱を停止します。
- 三相ヒータの加熱停止により温度がヒータ用温度スイッチ THS-1 の制御設定点の動作すきま温度 T_1 以下に低下すると，そのブレーク接点 THS-1b は復帰して閉路するので自動的に順序〔1〕-（2）～（4）の動作が行われ三相ヒータは加熱します。

シーケンス動作図

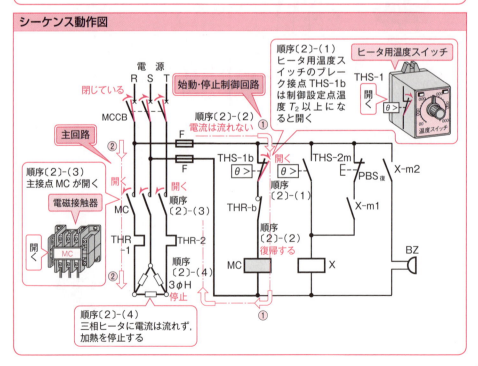

③ 三相ヒータの警報動作

警報ブザーの動作　　●順序〔3〕●

※三相ヒータが過熱しすぎて，制御設定点温度を超え，警報点設定温度以上になると，警報用温度スイッチ THS-2 が動作して，ブザーを鳴らし，警報を発します．

▶（1）温度が上昇しすぎて警報点設定温度 T_4 以上になると，補助リレー回路③の警報用温度スイッチ THS-2 が動作して，メーク接点 THS-2m が閉じます．

▶（2）補助リレー回路③のコイル X に電流が流れ，補助リレー X が動作します．
　●補助リレー X が動作すると，次の（3），（4）の動作が同時に行われます．

▶（3）補助リレー X が動作すると，自己保持回路④の自己保持メーク接点 X-m1 が閉じ，補助リレー X は自己保持します．

▶（4）補助リレー X が動作すると，警報ブザー回路⑤のメーク接点 X-m2 が閉じます．

▶（5）補助リレー X のメーク接点 X-m2 が閉じると，⑤回路に電流が流れ，警報ブザー BZ が鳴り，警報を発します．

▶（6）温度が，警報用温度スイッチ THS-2 の警報点設定の動作すきま温度 T_3 以下に低下すると復帰して，そのメーク接点 THS-2m を開きます．
　●警報用温度スイッチのメーク接点 THS-2m が開いても自己保持回路④を通って電流が流れ，補助リレー X は動作しますので警報ブザーは鳴り続けます．

シーケンス動作図

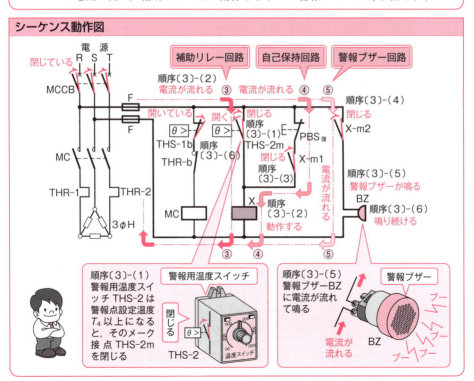

❸ 三相ヒータの警報動作（つづき）

警報ブザーの復帰動作　　　　　　　　　　　　　●順序〔4〕●

※三相ヒータが警報点設定温度 T_3（動作すきま）より温度が下がって警報用温度スイッチが復帰し、そのメーク接点 THS-2m が開いても、警報ブザーは鳴り続けるので、復帰ボタンスイッチ PBS復 を押して復帰させ鳴動を止めます。

▶（1）　自己保持回路④の復帰ボタンスイッチ PBS復 を押すとブレーク接点が開きます。
▶（2）　復帰ボタンスイッチ PBS復 のブレーク接点が開くと、自己保持回路④の電磁コイル X に電流は流れず、補助リレー X が復帰します。
　●補助リレー X が復帰すると、次の（3）、（4）の動作が同時に行われます。
▶（3）　補助リレー X が復帰すると、自己保持回路④の自己保持メーク接点 X-m1 が開き、補助リレー X の自己保持を解きます。
▶（4）　補助リレー X が復帰すると、警報ブザー回路⑤のメーク接点 X-m2 が開きます。
▶（5）　接点 X-m2 が開くと、⑤回路に電流は流れず、警報ブザー BZ は鳴り止みます。
▶（6）　復帰ボタンスイッチ PBS復 の押す手を離すと、そのブレーク接点は復帰して閉路しますが、④回路の接点 X-m1 が開いているので、補助リレー X は動作しません。

シーケンス動作図

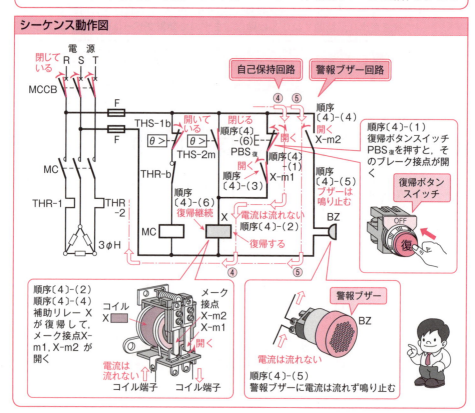

5-3 加熱・冷却二段温度制御回路

1 加熱・冷却二段温度制御回路の構成図とシーケンス図

加熱・冷却二段温度制御回路の構成図

※ヒータとクーラによる暖房・冷房制御のように，温度スイッチと電磁弁とを2個ずつ用いた加熱・冷却二段温度制御の構成図の一例を示したのが下図です．

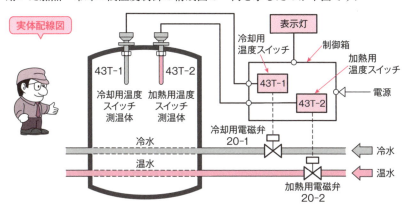

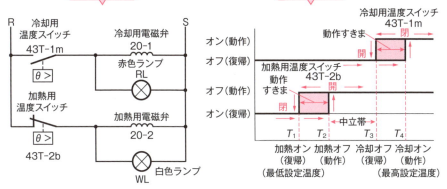

※この回路では，室内が最高設定温度（温度スイッチ43T-1の設定温度……最高温度 T_4）以上になりますと，冷却用温度スイッチ43T-1が動作して，冷却用電磁弁20-1を励磁して開き，冷水を流して冷却します．冷却中は赤色ランプRLが点灯します．

※冷却により，室内が最低設定温度（温度スイッチ43T-2の設定温度……最低温度 T_1）以下に下降しますと，加熱用温度スイッチ43T-2が復帰して，そのブレーク接点43T-2bを閉じ，加熱用電磁弁20-2を励磁して開き，温水を流して，加熱します．加熱中は白色ランプWLが点灯します．

> 室内温度が中立帯（T_2，T_3）のときは，冷却も加熱も行われません

❷ 冷却「オン：ON」・「オフ：OFF」動作

冷却「オン：ON」の動作順序

❈室内の温度が高くなって，冷却用温度スイッチ43T-1の設定温度 T_4 になった場合

順序〔1〕 室内が最高設定温度 T_4 まで上昇すると，①回路の冷却用温度スイッチ43T-1が動作して，そのメーク接点43T-1mが閉じます（105ページの温度チャート参照）。
- 冷却用温度スイッチ43T-1は，温度 T_4 で動作して閉じ，温度 T_3（動作すきま）まで下降すると復帰して開きます（105ページの温度チャート参照）。

〔2〕 冷却用温度スイッチのメーク接点43T-1mが閉じると，①回路の電磁弁の電磁コイル20-1に電流が流れ，冷却用電磁弁20-1を励磁して弁が開きます。
- 冷却用電磁弁20-1が開くと，冷水が流れますので，室内は冷却されます。

〔3〕 接点43T-1mが閉じると②回路に電流が流れ，赤色ランプRLが点灯します。

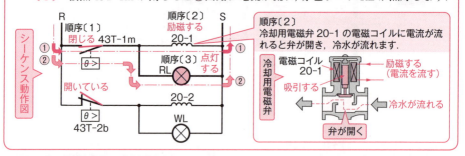

冷却「オフ：OFF」の動作順序

❈室内の温度が，冷却効果により温度 T_3（温度チャート参照）まで降下した場合

順序〔4〕 室内が最高設定温度 T_4 から T_3（動作すきま）まで下降すると，①回路の冷却用温度スイッチ43T-1が復帰して，そのメーク接点43T-1mが開きます。

〔5〕 冷却用温度スイッチのメーク接点43T-1mが開くと，①回路の電磁弁の電磁コイル20-1に電流は流れず，冷却用電磁弁20-1は消磁して弁を閉じます。
- 冷却用電磁弁20-1が閉じると，冷水が流れず，室内は冷却されません。

〔6〕 冷却用温度スイッチのメーク接点43T-1mが開くと，②回路に電流は流れず，赤色ランプRLは消灯します。

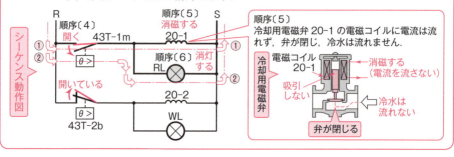

③ 加熱「オン：ON」・「オフ：OFF」動作

加熱「オン：ON」の動作順序

※室内の温度が，さらに温度 T_1（105ページの温度チャート参照）まで降下した場合

順序〔7〕　室内が最低設定温度 T_1 まで下降すると，③回路の加熱用温度スイッチ 43T-2 が復帰して，そのブレーク接点 43T-2b は閉じます．

- 加熱用温度スイッチ 43T-2 は，温度 T_1 まで下降すると復帰して閉じ，温度 T_2（動作すきま）以上で動作して開きます．

〔8〕　加熱用温度スイッチのブレーク接点 43T-2b が閉じると，③回路の電磁弁の電磁コイル 20-2 に電流が流れ，加熱用電磁弁 20-2 を励磁して弁が開きます．

- 加熱用電磁弁 20-2 が開くと，温水が流れますので，室内は加熱されます．

〔9〕　接点 43T-2b が閉じると，④回路に電流が流れ，白色ランプ WL が点灯します．

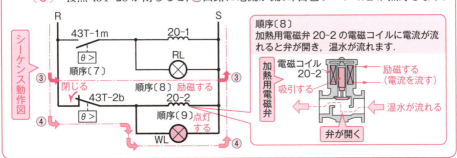

加熱「オフ：OFF」の動作順序

※室内の温度が，加熱効果により上昇し，加熱用温度スイッチ 43T-2 の設定温度 T_2（105ページの温度チャート参照）になった場合

順序〔10〕　室内が最低設定温度 T_1 から T_2（動作すきま）まで上昇すると，③回路の加熱用温度スイッチ 43T-2 が動作して，そのブレーク接点 43T-2b が開きます．

〔11〕　加熱用温度スイッチのブレーク接点 43T-2b が開くと，③回路の電磁弁の電磁コイル 20-2 に電流は流れず，加熱用電磁弁 20-2 は消磁して弁を閉じます．

- 加熱用電磁弁 20-2 が閉じると，温水が流れず，室内は加熱されません．

〔12〕　接点 43T-2b が開くと，④回路に電流は流れず，白色ランプ WL は消灯します．

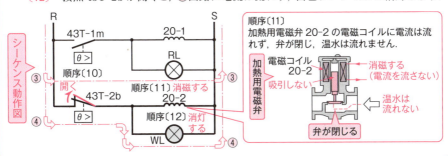

資料　電気毛布の制御回路

電気毛布の温度制御

※電気毛布は，毛布の中に，ビニールとナイロンで覆われた非常に柔軟性のある感熱線式発熱体を組み込んだもので，感触が普通の毛布と同じで柔らかく，真冬でも軽い掛けぶとん1枚を重ねるだけで，全身を暖めます。

※電気毛布は，就寝中に使用するため，とくに，安全性が重視され，感電はもちろんのこと，やけど，異常過熱，焼損などが起こらないように工夫されております。

外観図〔例〕
- 毛布地
- 毛布組立品
- スソ止コーナベルト
- コードヒータ
- プラグ・コネクタ
- コントローラ

電気毛布のシーケンス図〔例〕

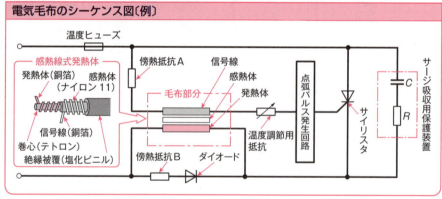

●シーケンス動作●

（1）電気毛布の温度制御回路の動作は，感熱線式発熱体の温度上昇に伴う感熱体のインピーダンス変化を，発熱体から感熱体を通して，信号線に流れ込む電流の変化で感知して，点弧パルス発生回路を働かせ，サイリスタのゲート信号を制御し，サイリスタの導通，不導通により発熱体に流れる主電流を断続して温度の制御を行います。

（2）感熱線式発熱体の信号線が，万一断線した場合には，点弧パルス発生回路が動作せず，サイリスタのゲート信号がカットされ，サイリスタは不導通となります。

（3）サイリスタが短絡故障を起こした場合には，発熱体と並列に接続してある傍熱抵抗B，ダイオードを通して，サイリスタの逆方向に電流が流れ，傍熱抵抗Bを発熱させ，近接してある温度ヒューズを溶断して，回路を遮断します。

（4）これらの安全回路が，何らかの原因によって，動作しなかった場合には，毛布内の感熱線式発熱体の温度が上昇し，感熱体が溶融して発熱体と信号線が短絡し，傍熱抵抗Aが加熱されて，温度ヒューズを溶断し，回路を遮断します。

第6章

圧力制御の実用基本回路

この章のポイント

　この章では，圧力スイッチを用いた圧力制御について，実際の装置例をもとに，基本的な動作の内容を充分に理解してもらうのが目的です．
（1）　圧力スイッチの種類と，圧力変化による動作順序を示す「圧力チャート」について，わかりやすく説明してあります．
（2）　圧縮空気を貯蔵するタンクの圧力制御装置において，設定圧力以上になると警報を発する「圧力スイッチを用いた警報回路」をとりあげておきましたので，安全・監視機器としての圧力スイッチの働きを，よく考えてみてください．
（3）　圧力スイッチとコンプレッサを組み合わせた「コンプレッサの圧力制御回路」は，ボタンスイッチによる手動運転と，圧力スイッチによる自動運転がともにできるようにした回路ですから，その圧力チャートをもとに，圧力変化による動作順序をよく調べてみてください．

6-1 圧力スイッチを用いた警報回路

1 圧力スイッチを用いた警報回路の実際配線図とシーケンス図

圧力スイッチを用いた警報回路の実際配線図

※下図は，圧縮空気を貯蔵するタンクにおいて，タンク内の圧力が規定圧力以上になると，安全・監視用の圧力スイッチが動作し，ブザーを鳴らして警報を発する警報回路の実際配線図の一例を示したものです．

〔例〕

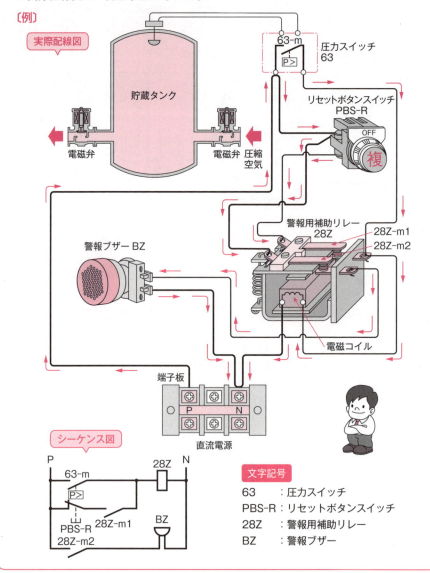

❷ 圧力スイッチを用いた警報回路のシーケンス動作

警報回路の動作順序

※貯蔵タンク内の圧力が上昇して，圧力スイッチ63が制御設定点圧力以上になると，圧力スイッチ63は動作して，警報ブザーが鳴ります．

順序〔1〕 圧力スイッチ63が制御設定点圧力以上になると，①回路の圧力スイッチ63が動作して，メーク接点63-mが閉じます．

〔2〕 圧力スイッチ63のメーク接点63-mが閉じると，①回路の電磁コイル28Z ■ に電流が流れ，警報用補助リレー28Zが動作します．

〔3〕 補助リレー28Zが動作すると，③回路のメーク接点28Z-m2が閉じます．

〔4〕 警報用補助リレーのメーク接点28Z-m2が閉じると，③回路に電流が流れ，警報ブザーBZが鳴り，警報を発します．

〔5〕 警報用補助リレー28Zが動作すると，②回路の自己保持メーク接点28Z-m1が閉じて，自己保持します．

● 警報用補助リレー28Zが自己保持すると，圧力スイッチ63が復帰して，そのメーク接点63-mを開いても警報ブザーBZは鳴り続けます．

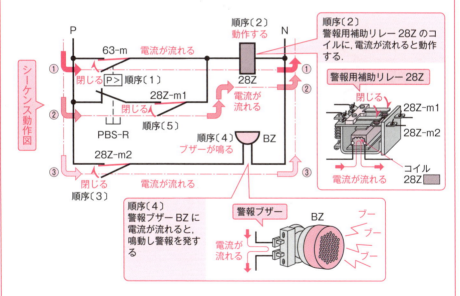

●圧力スイッチとは●

※圧力スイッチ(Pressure Switch)とは，気体または液体の圧力が予定値に達したとき，動作する検出スイッチをいいます．

※圧力スイッチには，圧力を受けた検出端の機械的偏位を利用し，機械的接点ユニットを動作させて二値信号を取り出す方式と，電気的に圧力を直接検出して，その電気特性の変化を増幅し，リレー回路を通して，二値信号を取り出す方式とがあります．

❷ 圧力スイッチを用いた警報回路のシーケンス動作（つづき）

リセット（復帰）の動作順序

❖ リセット（復帰）ボタンスイッチ PBS-R を押すと，警報ブザー BZ は鳴り止みます．

順序〔6〕 ②回路のリセット（復帰）ボタンスイッチ PBS-R を押すと開きます．

〔7〕 リセット（復帰）ボタンスイッチ PBS-R を押して開くと，②回路の電磁コイル 28Z ▭ に電流は流れず，警報用補助リレー28Z は復帰します．

〔8〕 補助リレー28Z が復帰すると，③回路のメーク接点 28Z-m2 が開きます．

〔9〕 警報用補助リレーのメーク接点 28Z-m2 が開くと，③回路に電流は流れず，警報ブザーBZ が鳴り止みます．

〔10〕 警報用補助リレー 28Z が復帰すると，②回路の自己保持メーク接点 28Z-m1 が開き，自己保持を解きます．

〔11〕 ②回路のリセット（復帰）ボタンスイッチ PBS-R の押す手を離すと閉じます．
- PBS-R の押す手を離して閉じても，②回路の自己保持メーク接点 28Z-m1 が開いているので，補助リレー 28Z には電流は流れず動作しません．

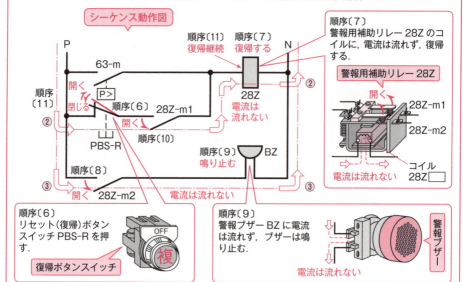

● 圧力スイッチの圧力チャート ●

❖ 圧力スイッチは，圧力を上昇させていくときと，下降させていくときとで動作点が異なります．この二つの動作点の間隔を「動作すきま」といいます．

❖ この動作すきまは，制御設定値の上側に加えられる形式と，制御設定値の下側に加えられる形式とがあります．

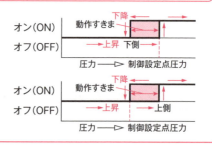

6-2 コンプレッサの圧力制御回路(手動・自動制御)

❶ コンプレッサの圧力制御回路の実際配線図とシーケンス図

コンプレッサの圧力制御回路の実際配線図

※下図は，2個の圧力スイッチとコンプレッサとを組み合わせて，空気槽の圧力を一定に保つ，手動および自動による圧力制御回路の実際配線図の一例を示したものです．

〔例〕

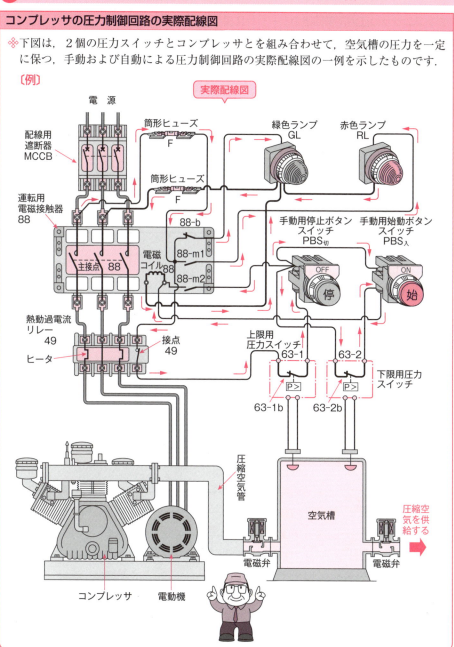

❶ コンプレッサの圧力制御回路の実際配線図とシーケンス図（つづき）

コンプレッサの圧力制御回路のシーケンス図

❋ コンプレッサの圧力制御回路の実際配線図を，シーケンス図に書き換えたのが下図です．

❋ コンプレッサ駆動電動機Mの主回路を開閉する電磁接触器88の操作は，手動運転では，手動用始動ボタンスイッチ$PBS_入$と手動用停止ボタンスイッチ$PBS_切$で行い，自動運転では，下限用圧力スイッチ63-2，上限用圧力スイッチ63-1が空気槽の圧力を検出して行います．そして，コンプレッサの運転時には，赤色ランプRLが，また，停止時には緑色ランプGLが点灯します．

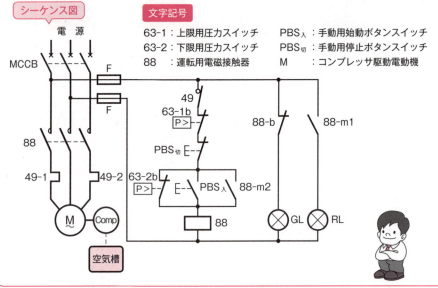

コンプレッサの圧力制御回路の圧力チャート（自動運転の場合）〔例〕

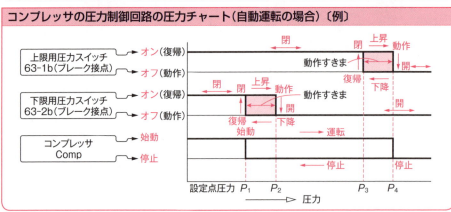

❷ コンプレッサの「手動運転」と「自動運転」

コンプレッサの「手動運転」と「自動運転」のしかた

コンプレッサの手動運転

❋手動用始動ボタンスイッチ $PBS_入$ を押すと，運転用電磁接触器88が動作して，電動機Mを始動し，コンプレッサを運転します．と同時に，赤色ランプRLが点灯します．この手動による始動は，空気槽の圧力が上限圧力 P_4 以下（63-1bが閉のとき：114ページの圧力チャート参照）でなければ，行うことができません．

❋手動用停止ボタンスイッチ $PBS_切$ を押すと，運転用電磁接触器88が復帰して，電動機Mを停止し，コンプレッサを止めます．と同時に，緑色ランプGLが点灯します．自動で始動しても，空気槽の圧力が上限圧力になる前に，手動で停止できます．

コンプレッサの自動運転

❋空気槽の圧力が下限用圧力スイッチ63-2の設定点圧力（最低設定圧力）P_1 以下（114ページの圧力チャート参照）になりますと，下限用圧力スイッチ63-2が復帰して，そのブレーク接点63-2bを閉じ，運転用電磁接触器88を動作させて，電動機Mを始動し，コンプレッサを自動的に運転させます．と同時に，赤色ランプRLが点灯します．

❋空気槽の圧力が下限用圧力スイッチ63-2の動作すきまの圧力 P_2（114ページの圧力チャート参照）まで上昇しますと，下限用圧力スイッチ63-2は動作して，そのブレーク接点63-2bを開きますが，運転用電磁接触器88はメーク接点88-m2で自己保持されているので，コンプレッサは空気槽の圧力が P_4（最高設定圧力）になるまで，運転を続けます．

コンプレッサの自動停止

❋空気槽の圧力が上限用圧力スイッチ63-1の設定点圧力（最高設定圧力）P_4 以上（114ページの圧力チャート参照）になりますと，上限用圧力スイッチ63-1が動作して，そのブレーク接点63-1bが開き，運転用電磁接触器88を復帰させて，電動機Mを止め，コンプレッサを停止します．と同時に，緑色ランプGLが点灯します．

❋空気槽の圧力が上限用圧力スイッチ63-1の動作すきまの圧力 P_3 に下降しますと，上限用圧力スイッチ63-1は復帰して，そのブレーク接点63-1bを閉じますが，運転用電磁接触器88はメーク接点88-m2が開いて自己保持が解けており，また，ブレーク接点63-2bも開いているので，運転用電磁接触器88は復帰したままとなり，コンプレッサは空気槽の圧力が P_1（最低設定圧力）に下降するまで，停止を続けます．

❸ コンプレッサの始動運転動作

自動による始動運転動作〔1〕 ●空気槽の圧力が P_1 以下の場合●

※空気槽の圧力が空気の使用により，下限用圧力スイッチ 63-2 の設定点圧力（最低設定圧力）P_1 以下になると，コンプレッサは自動的に始動し，運転します。

順序〔1〕 電源の配線用遮断器 MCCB（電源スイッチ）のレバーを「ON」にして，電源を投入します。

〔2〕 電源を投入すると，⑤回路に電流が流れ，緑色ランプ GL が点灯します。
- 緑色ランプの点灯は，電源スイッチが投入されていることを示します。

〔3〕 空気槽の圧力が下限用圧力スイッチ 63-2 の設定点圧力 P_1 以下になると，下限用圧力スイッチ 63-2 は復帰して，②回路のブレーク接点 63-2b を閉じます（114 ページの圧力チャート参照）。

〔4〕 下限用圧力スイッチのブレーク接点 63-2b が閉じると，②回路の電磁コイル 88 ▨ に電流が流れ，運転用電磁接触器 88 が動作します。
- 運転用電磁接触器 88 が動作すると，次の順序〔5〕，〔7〕，〔9〕，〔11〕の動作が同時に行われます。

〔5〕 運転用電磁接触器 88 が動作すると，①回路の主接点 88 が閉じます。

〔6〕 運転用電磁接触器の主接点 88 が閉じると，①回路の電動機Mに電流が流れ，電動機は始動します。
- 電動機が始動すると，コンプレッサ Comp を運転し，空気槽に圧縮空気を供給します。

〔7〕 運転用電磁接触器 88 が動作すると，⑤回路のブレーク接点 88-b が開きます。

〔8〕 運転用電磁接触器 88 のブレーク接点 88-b が開くと，⑤回路に電流は流れず，緑色ランプ GL は消灯します。

〔9〕 運転用電磁接触器 88 が動作すると，⑥回路のメーク接点 88-m1 が閉じます。

〔10〕 運転用電磁接触器 88 のメーク接点 88-m1 が閉じると，⑥回路に電流が流れ，赤色ランプ RL が点灯します。

〔11〕 運転用電磁接触器 88 が動作すると，④回路の自己保持メーク接点 88-m2 が閉じ，自己保持します。

自動による始動運転動作〔2〕 ●空気槽の圧力が P_2 になった場合●

順序〔12〕 コンプレッサの運転により，空気槽の圧力が下限用圧力スイッチ 63-2 の動作すきまの圧力 P_2（114 ページの圧力チャート参照）まで上昇しますと，下限用圧力スイッチ 63-2 は動作して，そのブレーク接点 63-2b を開きます。
- 下限用圧力スイッチ 63-2 が動作して，そのブレーク接点 63-2b が開いても，④回路の自己保持回路を通って，運転用電磁接触器 88 には電流が流れ，動作し続けますので，コンプレッサ Comp は運転を続けます。

自動による始動運転のシーケンス動作図

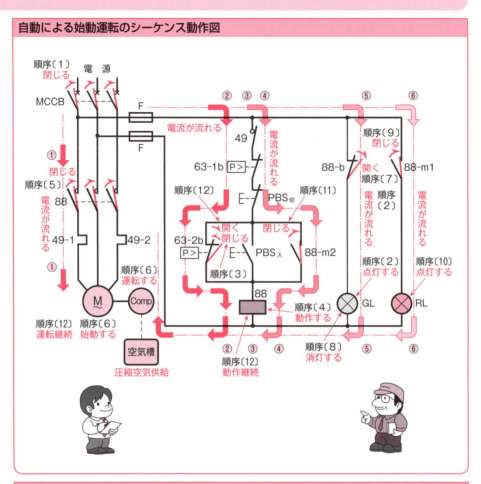

手動による始動運転動作

❖ コンプレッサを手動で始動運転するには，自動による始動運転動作の順序〔3〕（116ページ参照）の代わりに，③回路の手動用始動ボタンスイッチ $PBS_入$ を押せば，それ以後の動作（順序〔4〕から順序〔11〕）は，まったく同じとなります．

❖ 手動用始動ボタンスイッチ $PBS_入$ の押す手を離しても，④回路で運転用電磁接触器 88 は自己保持され動作しておりますので，コンプレッサ Comp は運転を続けます．

❖ 空気槽の圧力が上限圧力 P_4（上限用圧力スイッチの設定点圧力）以上になりますと，上限用圧力スイッチ 63-1 が動作して，③回路のブレーク接点 63-1b が開いてしまいます．そこで，手動による始動運転動作が可能なのは，上限圧力が P_4 以下（ブレーク接点 63-1b が閉）の場合に限ります．

117

❹ コンプレッサの停止動作

自動による停止動作〔1〕　　　　　　　　●空気槽の圧力が P_4 以上の場合●

❈ 空気槽の圧力が上限用圧力スイッチ 63-1 の設定点圧力（最高設定圧力）P_4 以上になると，コンプレッサは自動的に停止します。

順序〔13〕　空気槽の圧力が上限用圧力スイッチ 63-1 の設定点圧力 P_4 以上（114 ページの圧力チャート参照）になると，上限用圧力スイッチ 63-1 は動作して，❹回路のブレーク接点 63-1b を開きます。

〔14〕　上限用圧力スイッチのブレーク接点 63-1b が開くと，❹回路の電磁コイル 88 □ に電流は流れず，運転用電磁接触器 88 が復帰します。

- 運転用電磁接触器 88 が復帰すると，次の順序〔15〕，〔17〕，〔19〕，〔21〕の動作が同時に行われます。

〔15〕　運転用電磁接触器 88 が復帰すると，❶回路の主接点 88 が開きます。

〔16〕　運転用電磁接触器の主接点 88 が開くと，❶回路の電動機 M に電流は流れず，電動機は停止します。

- 電動機が停止すると，コンプレッサ Comp も止まり，空気槽への圧縮空気の供給を止めます。

〔17〕　運転用電磁接触器 88 が復帰すると，❻回路のメーク接点 88-m1 が開きます。

〔18〕　運転用電磁接触器のメーク接点 88-m1 が開くと，❻回路に電流は流れず，赤色ランプ RL は消灯します。

〔19〕　運転用電磁接触器 88 が復帰すると，❺回路のブレーク接点 88-b が閉じます。

〔20〕　運転用電磁接触器のブレーク接点 88-b が閉じると，❺回路に電流が流れ，緑色ランプ GL が点灯します。

〔21〕　運転用電磁接触器 88 が復帰すると，❹回路の自己保持メーク接点 88-m2 が開き，自己保持を解きます。

自動による停止動作〔2〕　　　　　　　　●空気槽の圧力が P_3 になった場合●

順序〔22〕　空気槽の圧力が空気の使用により，上限用圧力スイッチ 63-1 の動作すきまの圧力 P_3（114 ページの圧力チャート参照）まで下降しますと，上限用圧力スイッチ 63-1 は復帰して，❹回路のブレーク接点 63-1b が閉じます。

❈ 上限用圧力スイッチ 63-1 が復帰して，そのブレーク接点 63-1b が閉じても，メーク接点 88-m2（順序〔21〕で開），ブレーク接点 63-2b（順序〔12〕で開：116 ページ参照），PBS入のすべてが開いているので，運転用電磁接触器 88 は動作せず，電動機 M は停止したままとなります。

❈ 空気槽の圧力が P_1（最低設定圧力）まで下降しますと，コンプレッサは"自動による始動運転動作〔1〕"の順序〔3〕（116 ページ参照）により，自動的に始動し，空気槽に圧縮空気を供給します。

自動による停止のシーケンス動作図

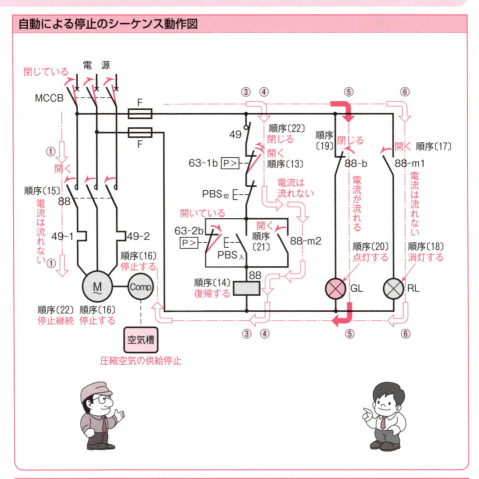

手動による停止動作

❋ コンプレッサを手動で停止するには，自動による停止動作の順序〔13〕（118ページ参照）の代わりに，③回路の手動用停止ボタンスイッチ $PBS_切$ を押せば，それ以後の動作（順序〔14〕から順序〔21〕）は，まったく同じとなります．

❋ 手動用停止ボタンスイッチ $PBS_切$ の押す手を離して，ブレーク接点 $PBS_切$ が閉じても，メーク接点 88-m2，$PBS_入$，ブレーク接点 63-2b のすべてが開いているので，運転用電磁接触器 88 は動作せず，電動機 M は停止したままとなります．

❋ 手動用停止ボタンスイッチ $PBS_切$ を押すことは，③回路を開くことですから，これにより自動運転を行っていて，空気槽が上限圧力 P_4 にならなくても，コンプレッサを停止することができます．

資料　電気掃除機の制御回路

電気掃除機の制御

※電気掃除機は，電動機に直結されたファンを急速に回転させることにより，ケース内を真空にし，その吸じん力を利用して，床，畳，ジュータンなどにあるごみやほこりを清掃する機器です．

- 電池を内蔵するコードレスの電気掃除機もあります．

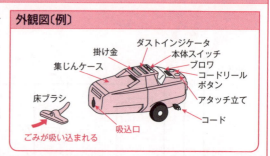

外観図〔例〕

電気掃除機のシーケンス図〔例〕

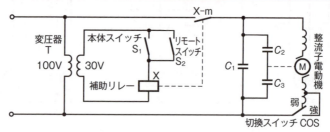

●説　明●

(1) 変圧器Tの二次測に本体スイッチS_1およびリモートスイッチS_2が接続されているのは，電気掃除機が一般家庭で使用されるため，電圧を下げることにより，操作時の安全をはかっております．

(2) 畳やジュータン，カーペットなどは，強力な吸じん力で，すばやく掃除できることが望まれますが，上敷や敷物，カーテンなどは吸じん力が強すぎると，吸込口に吸着してしまいます．そこで，入力を切換スイッチCOSで，「強」「弱」に切り換えることにより，用途に合わせて掃除能率の向上をはかっております．

※電気掃除機は，力強い吸じん力を発揮する直巻整流子電動機と，極小なほこりをとらえる集じん部などから構成されています．

- 電動機に直結されたターボファンが高速度(18 000 回転／分以上)で回転することにより，ファンの中にある空気が，遠心力によって外側にはき出され，機内の中が真空になろうとする力が生じます．この力を利用して，外から絶えず，空気が吸い込まれ，強い吸込力を起こし，掃除機本体の前頭部に設けられた吸込口から，空気といっしょにごみが吸い込まれます．
- 吸い込まれたごみは，ケースの中に設けられた目の細かな網目フィルタや集じんフィルタによって捕えられ，ろ過された清浄な空気だけが，電動機を冷却し，マフラー効果を持たせた通風路や吸音板，遮音板を組み合わせた防音装置を通り抜け，消音されて排気口から外部に排出されます．

第7章

時限制御の実用基本回路

この章のポイント

　この章では，タイマを用いた時限制御について，実際の装置例をもとに，基本的な動作の内容を充分に理解してもらうのが目的です．

（1） タイマとその出力接点である限時動作瞬時復帰接点，瞬時動作限時復帰接点の働きを図記号とともに記しておきました．

（2） 時限制御の基本回路の一つである一定時間動作回路の例として「ブザーの一定時間吹鳴回路」をとりあげておきました．この回路はほかにもいろいろと応用されておりますので，しっかりと自分のものにしておきましょう．
（電動機の時限制御回路は，「絵ときシーケンス制御読本（入門編）」をご覧ください）

（3） 時限制御の基本回路の一つである遅延動作回路の例として「電動送風機の遅延動作運転回路」をとりあげておきました．そのタイムチャートをもとに，時間経過による動作順序をよく調べてみましょう．
（遅延投入，一定時間動作回路の例は「絵ときシーケンス制御読本（入門編）」に電気熱処理炉の時限制御として記してありますので，参考にしてください）

7-1 ブザーの一定時間吹鳴回路

❶ ブザーの一定時間吹鳴回路の実際配線図とシーケンス図

ブザーの一定時間吹鳴回路の実際配線図

❖ 下図は，タイマによる時限制御の基本回路の一つである「一定時間動作回路」を用いたブザー吹鳴回路の実際配線図の一例を示した回路です。
　この回路は，始動ボタンスイッチを押すとブザーが一定時間（タイマの設定時限）だけ吹鳴し，その時間が過ぎると，自動的に鳴動を停止する回路です。

❖ **一定時間動作回路**とは，タイマにより設定された時間だけ，負荷を動作状態とする回路で，「**間隔動作回路**」ともいい，ブザーの他にサイレンの一定時間吹鳴回路，コンベヤの一定時間運転回路や自動販売機の量を時間で制御する場合などに用いられます。

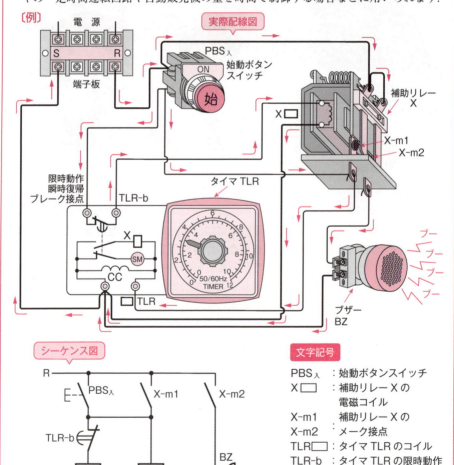

❷ ブザーの鳴動・停止の動作

ブザーの吹鳴の動作順序

順序〔1〕 ①回路の始動ボタンスイッチ PBS入 を押すと，そのメーク接点が閉じます．
　〔2〕 始動ボタンスイッチのメーク接点 PBS入 が閉じると，①回路の電磁コイル X ■ に電流が流れ，補助リレー X が動作します．
　　　● 補助リレー X が動作すると，次の順序〔4〕，〔6〕の動作が同時に行われます．
　〔3〕 始動ボタンスイッチのメーク接点 PBS入 が閉じると，②回路のタイマのコイル TLR ■ に電流が流れ，タイマ TLR が付勢されます．
　〔4〕 補助リレー X が動作すると，⑤回路のメーク接点 X-m2 が閉じます．
　〔5〕 補助リレー X のメーク接点 X-m2 が閉じると，⑤回路のブザー BZ に電流が流れ，ブザーが鳴ります．
　〔6〕 補助リレー X が動作すると，③回路の自己保持メーク接点 X-m1 が閉じ，自己保持します．
　〔7〕 ①回路の PBS入 の押す手を離すと，そのメーク接点が開きます．
　〔8〕 PBS入 のメーク接点が開いても，補助リレー X は③回路により，また，タイマ TLR は④回路により電流が流れ，動作および付勢を継続します．

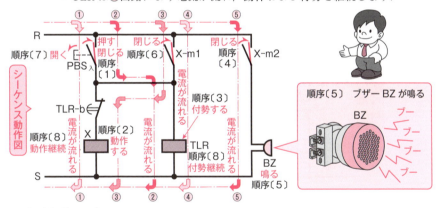

● タイムチャート ●

※始動ボタンスイッチ PBS入 の「閉」によるパルス入力信号を与えると，補助リレー X が動作し，タイマ TLR が付勢されて，ブザー BZ が鳴ります．

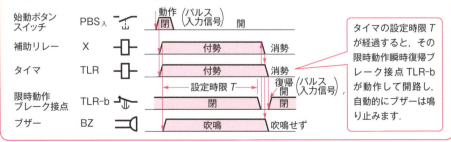

❷ ブザーの鳴動・停止の動作（つづき）

ブザーの吹鳴停止の動作順序

順序〔9〕 タイマ TLR の設定時限 T が経過すると，③回路の限時動作瞬時復帰ブレーク接点 TLR-b が動作して，開きます．

〔10〕 限時動作瞬時復帰ブレーク接点 TLR-b が開くと，③回路の電磁コイル X ▢ に電流は流れず，補助リレー X が復帰します．

- 補助リレー X が復帰すると，次の順序〔11〕，〔13〕の動作が同時に行われます．

〔11〕 補助リレー X が復帰すると，⑤回路のメーク接点 X-m2 が開きます．

〔12〕 補助リレー X のメーク接点 X-m2 が開くと，⑤回路のブザー BZ に電流は流れず，ブザーは鳴り止みます．

〔13〕 補助リレー X が復帰すると，③回路の自己保持メーク接点 X-m1 が開き，自己保持を解きます．

〔14〕 補助リレー X のメーク接点 X-m1 が開くと，④回路のタイマのコイル TLR ▢ に電流は流れず，タイマ TLR が消勢します．

〔15〕 タイマ TLR が消勢すると，③回路の限時動作瞬時復帰ブレーク接点 TLR-b が復帰して，閉じます．

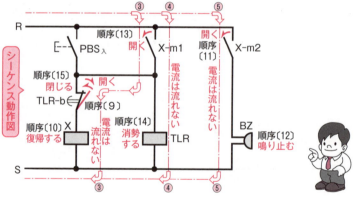

●タイマと限時接点●

❖**タイマ**とは，入力信号を受けてから，所定の時間経過後に，回路を開閉するリレーをいい，その動作原理により，モータ式，電子式，制動式などがあります．

❖タイマの出力接点には，限時動作瞬時復帰接点と瞬時動作限時復帰接点とがあります．

●限時動作瞬時復帰接点●	図記号	●瞬時動作限時復帰接点●	図記号
❖**メーク接点**：「動作する」ときに時間遅れがあり，「閉じる」接点をいいます．		❖**メーク接点**：「復帰する」ときに，時間遅れがあり，「開く」接点をいいます．	
❖**ブレーク接点**：「動作する」ときに時間遅れがあり，「開く」接点をいいます．		❖**ブレーク接点**：「復帰する」ときに，時間遅れがあり，「閉じる」接点をいいます．	

7-2 電動送風機の遅延動作運転回路

① 電動送風機の遅延動作運転回路の実際配線図とシーケンス図

電動送風機の遅延動作運転回路の実際配線図

※下図は，タイマによる時限制御の基本回路の一つである「遅延動作回路」を用いた電動送風機の遅延動作運転回路の実際配線図の一例を示した回路です．この回路は，始動ボタンスイッチを押して，入力信号を与えてから，一定時間（タイマの設定時限）経過したのちに，初めて電動送風機が，自動的に運転を開始するようにした回路です．

〔例〕

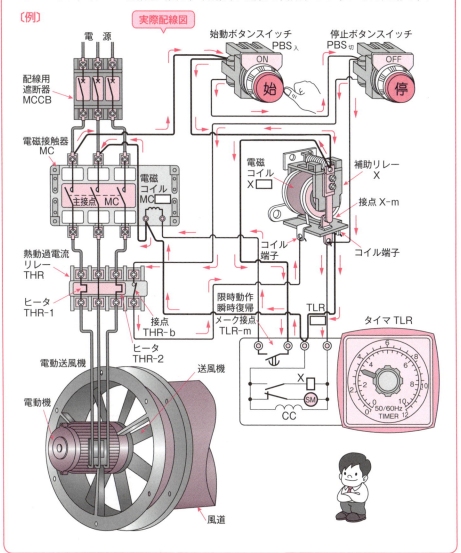

❶ 電動送風機の遅延動作運転回路の実際配線図とシーケンス図（つづき）

電動送風機の遅延動作運転回路のシーケンス図

※電動送風機の遅延動作運転回路の実際配線図をシーケンス図に書き換えたのが下図です．

（注）電動送風機とは，電動機で駆動する送風機をいいます．

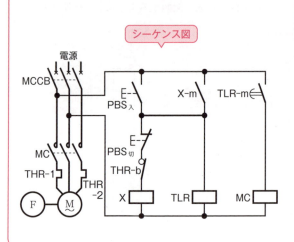

文字記号
- MCCB ：配線用遮断器
- PBS入 ：始動ボタンスイッチ
- PBS切 ：停止ボタンスイッチ
- THR ：熱動過電流リレー
- X ：補助リレー
- TLR ：タイマのコイル
- TLR-m ：タイマの限時動作 瞬時復帰メーク接点
- MC ：電磁接触器
- Ⓜ Ⓕ ：電動送風機

電動送風機の遅延動作運転回路のタイムチャート

始動ボタンスイッチ	PBS入	動作（パルス入力信号） 閉	動作（パルス入力信号） 開
停止ボタンスイッチ	PBS切	閉	開／閉
補助リレー	X	付勢	消勢
タイマ	TLR	付勢	消勢
限時動作瞬時復帰メーク接点	TLR-m	設定時限 T 開　閉	開
電動送風機	MF Ⓕ Ⓜ	停止　運転	停止

※始動ボタンスイッチ PBS入 の「閉」によるパルス入力信号を与えると，補助リレー X が動作し，タイマ TLR が付勢されます．そして，タイマの設定時限 T が経過すると，その限時動作瞬時復帰メーク接点 TLR-m が閉じ，電磁接触器 MC を動作させて，電動送風機を始動，運転します．

※停止ボタンスイッチ PBS切 を押すと開いて，補助リレー X およびタイマ TLR が瞬時に復帰しますので，電磁接触器 MC も復帰して，電動送風機を停止します．

❷ 電動送風機の遅延運転動作

電動送風機の遅延運転の動作順序

順序〔1〕 ①回路の配線用遮断器 MCCB を投入し閉じます．
〔2〕 ②回路の始動ボタンスイッチ PBS入 を押すと，そのメーク接点が閉じます．
〔3〕 始動ボタンスイッチのメーク接点 PBS入 が閉じると，②回路の電磁コイル X ■ に電流が流れ，補助リレー X が動作します．
〔4〕 始動ボタンスイッチのメーク接点 PBS入 が閉じると，③回路のタイマのコイル TLR ■ に電流が流れ，タイマ TLR が付勢します．
〔5〕 補助リレー X が動作すると，④回路の自己保持メーク接点 X-m が閉じて，自己保持します．
〔6〕 ②回路の始動ボタンスイッチ PBS入 の押す手を離すと，そのメーク接点は開くが，④回路の自己保持メーク接点 X-m を通って補助リレー X が動作を継続し，また，⑤回路を通ってタイマ TLR が付勢され続けます．
〔7〕 タイマ TLR の設定時限 T が経過すると，⑥回路の限時動作瞬時復帰メーク接点 TLR-m が動作して，閉じます．
〔8〕 限時動作瞬時復帰メーク接点 TLR-m が閉じると，⑥回路の電磁コイル MC ■ に電流が流れ，電磁接触器 MC が動作します．
〔9〕 電磁接触器 MC が動作すると，①回路の主接点 MC が閉じます．
〔10〕 電磁接触器の主接点 MC が閉じると，①回路に電流が流れ，電動機 M が始動し，送風機 F が運転状態となります．

シーケンス動作図

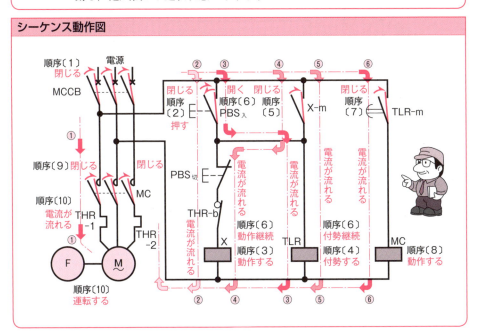

❷電動送風機の遅延運転動作（つづき）

電動送風機の停止の動作順序

順序〔11〕 ④回路の停止ボタンスイッチPBS切を押すと，そのブレーク接点が開きます．

〔12〕 停止ボタンスイッチのブレーク接点PBS切が開くと，④回路の電磁コイルX □に電流は流れず，補助リレーXは復帰します．

〔13〕 補助リレーXが復帰すると，④回路の自己保持メーク接点X-mが開き，自己保持を解きます．

〔14〕 補助リレーの自己保持メーク接点X-mが開くと，⑤回路のタイマのコイルTLR □に電流は流れず，タイマTLRが消勢します．

〔15〕 タイマTLRが消勢すると，⑥回路の限時動作瞬時復帰メーク接点TLR-mは瞬時に復帰して，開きます．

〔16〕 限時動作瞬時復帰メーク接点TLR-mが開くと，⑥回路の電磁コイルMC □に電流は流れず，電磁接触器MCが復帰します．

〔17〕 電磁接触器MCが復帰すると，①回路の主接点MCが開きます．

〔18〕 電磁接触器の主接点MCが開くと，①回路に電流は流れず，電動機Mが停止しますので，送風機Fも停止状態となります．

シーケンス動作図

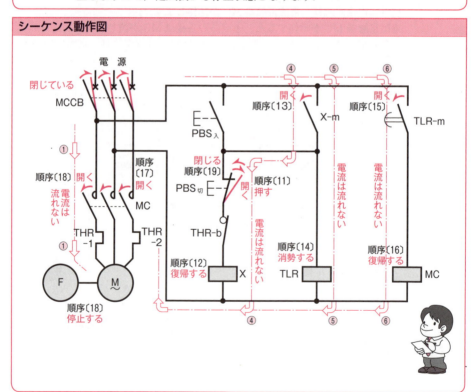

第8章

自家用受電設備の
シーケンス制御

この章のポイント

　この章では，実際の制御回路をもとに，自家用受電設備のシーケンス制御について，調べてみることにいたしましょう．
（1）　自家用受電設備における直流式電磁操作方式による遮断器の投入および引はずしの制御回路について，その動作順序をわかりやすく説明しておきました．
（2）　自家用受電設備の断路器は，遮断器を遮断状態にしてから，開閉いたしますので，そのインタロック回路について，その動作のしくみを詳しく説明してあります．
（3）　自家用受電設備には，いろいろな制御回路が用いられておりますが，そのうちで交流式電磁操作方式による自家用受電設備の保護回路を含めたシーケンス制御について記しておきましたので，機器相互の関連とともにその動作をよく理解しておきましょう．

8-1　電磁操作方式による遮断器の構造と動作

1　電磁操作方式による遮断器の構造

電磁操作方式による遮断器とは

❋ **電磁操作方式による遮断器**とは，投入制御指令（操作ハンドルを「入」側に倒す）が出されると，操作電磁石の投入コイルが付勢され，これによって生ずる強力な電磁力で，遮断器は投入されます。

❋ 遮断器の投入が完了すると，投入コイルは付勢を解かれるが，機械的に接触機構を保持するので，投入状態が続きます。

❋ 遮断器の引はずし動作は，引はずしコイルを付勢し，この動作でラッチ機構（機械的保持機構）をはずし，投入の際に蓄積されたばねの力を一気に放出して，遮断器を遮断（引はずし）します。

電磁操作方式遮断器の外観図（例）　　　　　　　　　内部構造図（例）

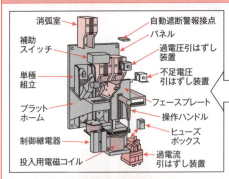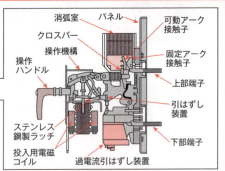

● 遮断器の投入動作 ●

❋ 投入制御指令によって，投入コイルが付勢されると，可動鉄心が引き下げられて，操作かんを下方に引っぱり遮断器を投入します。そのとき，操作レバーが投入ハッカにかかって機械的に保持され，投入コイルが消勢されても投入状態を続けます。

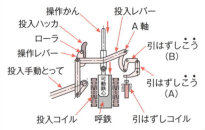

● 遮断器の引はずし動作 ●

❋ 引はずし制御指令によって，引はずしコイルが付勢されると，可動鉄心が引き上げられて，引はずしこう（B）がたたかれ，引はずしこう（A）との掛合がはずれ，そのために投入ハッカと操作レバーとの掛合もはずれて，操作かんが上に動き，遮断器を引はずします。

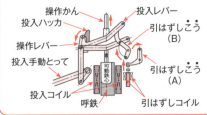

❷ 断路器と遮断器のインタロック回路

断路器と遮断器のインタロック　　●3極遠方操作式断路器

❖断路器は，単に充電された電路を開閉するために用いる機器で，負荷電流を直接開閉したり，負荷電流を遮断したりする能力はありません．したがって，遠方操作式断路器を遮断器と組み合わせて使用するときは，遮断器が開放しているときだけ，断路器を操作できるようにインタロックを設ける必要があります．

3極遠方操作式断路器（例）　　　　　　　　　インタロック回路（例）

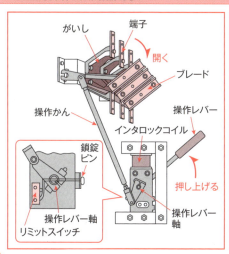
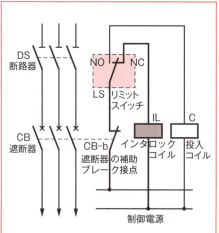

断路器と遮断器のインタロック動作

❖断路器の操作レバーの軸部には，インタロックコイルが設けられており，このインタロックコイルに電流が流れると，励磁されて操作レバーが動き，インタロックコイルに電流が流れないと，操作レバーは動かないような機構になっております．

❖遮断器CBが開放しているときは，遮断器の補助ブレーク接点CB-bは閉じており，そして，リミットスイッチLSの接点がNC側にあれば，インタロックコイルILは制御電源によって励磁され，断路器DSは操作が可能となります．

❖遮断器CBを投入しているときは，遮断器の補助ブレーク接点CB-bは開いているので，インタロックコイルの回路は開路状態となり，断路器の操作レバーは操作できず，ロックされます．

❖操作レバー部に鎖錠ピンを差し込む穴があり，ここに鎖錠ピンを差し込むと，リミットスイッチの接点はNO側に切り換わり，鎖錠ピンを引き抜くと，NC側に切り換わるようになっております．

❖開閉操作をするときは，鎖錠ピンを引き抜いておき，断路器を操作した後で，鎖錠ピンを差し込めば，インタロックコイルは切れて，電気的にインタロックされます．

8-2　直流式電磁操作方式による遮断器の制御回路

❶ 直流式電磁操作方式による遮断器の制御回路のシーケンス図

直流式電磁操作方式による遮断器の制御

※高圧受電設備の遮断器の操作方式としては，一般に，完全手動式か直流電源(蓄電池)による直流式電磁操作方式が用いられ，51(過電流継電器)，51G(地絡過電流継電器)および27(不足電圧継電器)でトリップ(引はずし)させます．

直流式電磁操作方式による遮断器のシーケンス図〔例〕

※このシーケンス図は，遮断器操作だけで，故障表示や警報を行わず，故障の判断は，保護継電器自体に内蔵されたターゲットで判別する場合を示します．

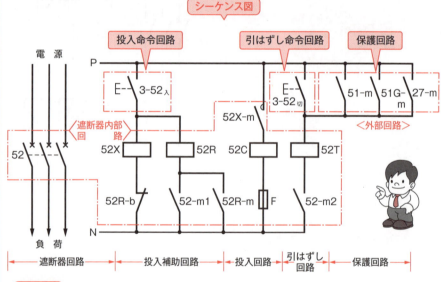

文字記号

52 ：遮断器	52C ：投入コイル	3-52切：操作ハンドル(切)
52X：投入コイル用補助リレー	52T ：引はずしコイル	51 ：過電流継電器
52R：引はずし自由リレー	3-52入：操作ハンドル(入)	51G ：地絡過電流継電器
27 ：不足電圧継電器		

※電磁操作遮断器の制御回路は，投入補助回路，投入回路および引はずし回路とからなる遮断器内部回路と投入と引はずしの命令を与える外部回路から構成されています．

※電磁操作遮断器の制御動作としては，
　(1) 1回の投入指令に対して一度だけの投入動作を行います(反復動作防止)．
　(2) 投入動作が完了すると，自ら投入回路を開路します．
　(3) 投入動作中に引はずし指令信号が入ると，引はずし動作が優先します（引はずし自由）．

❷ 直流式電磁操作方式遮断器の投入のシーケンス動作

直流式電磁操作方式遮断器の「投入」の動作順序

❖遮断器の操作ハンドルを「入」側に倒すと，遮断器が投入します．

順序〔1〕 遮断器の操作ハンドルを「入」側に倒すと，②回路の接点3-52入が閉じます．
〔2〕 メーク接点3-52入が閉じると，②回路の投入コイル用補助リレーの電磁コイル52X ▨ に電流が流れ，投入コイル用補助リレー52Xが動作します．
〔3〕 補助リレー52Xが動作すると，⑤回路のメーク接点52X-mが閉じます．
〔4〕 接点52X-mが閉じると，⑤回路の投入コイル52C ▨ が付勢されます．
〔5〕 投入コイル52Cが付勢されると，①回路の遮断器52が動作し，遮断器の主接点52が投入し，機械的に保持します．
〔6〕 遮断器52が動作すると，⑥回路のメーク接点52-m2が閉じます．
〔7〕 遮断器52が動作すると，③回路のメーク接点52-m1が閉じます．
〔8〕 メーク接点52-m1が閉じると，③回路の引はずし自由リレーの電磁コイル52R ▨ に電流が流れ，引はずし自由リレー52Rが動作します．
〔9〕 引はずし自由リレー52Rが動作すると，④回路の自己保持メーク接点52R-mが閉じ，自己保持します．
〔10〕 引はずし自由リレー52Rが動作すると，②回路の引はずし自由リレーのブレーク接点52R-bが開きます．
〔11〕 引はずし自由リレーのブレーク接点52R-bが開くと，投入コイル用補助リレーのコイル52X ▨ に電流は流れず復帰します（反復動作防止）．
〔12〕 補助リレー52Xが復帰すると，⑤回路のメーク接点52X-mが開きます．
〔13〕 メーク接点52X-mが開くと，⑤回路の投入コイル52C ▨ が消勢されます．

シーケンス図

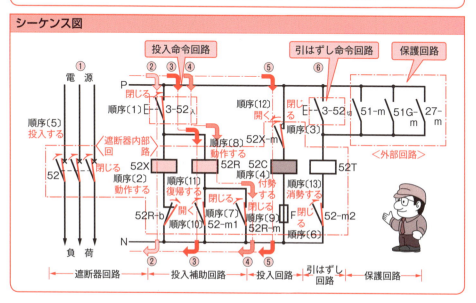

❸ 直流式電磁操作方式遮断器の引はずしのシーケンス動作

直流式電磁操作方式遮断器の「引はずし」の動作順序

操作ハンドルを「切」側に倒すか，保護継電器が動作すると，遮断器は遮断します．

〈操作ハンドルを「切」側に倒した場合〉

順序〔1〕 遮断器の操作ハンドルを「切」側に倒すと，⑥回路の接点 3-52切 が閉じます．
〔2〕 接点 3-52切 が閉じると，⑥回路の引はずしコイル 52T □ が付勢されます．
〔3〕 引はずしコイル 52T □ が付勢されると，①回路の遮断器 52 が遮断します．
〔4〕 遮断器 52 が遮断すると，⑥回路の補助メーク接点 52-m2 が開きます．
〔5〕 遮断器の補助メーク接点 52-m2 が開くと，⑥回路の引はずしコイル 52T □ に電流は流れなくなり，消勢します．

〈保護継電器が動作した場合〉

順序〔1〕' 保護継電器，例えば過電流継電器 51 が動作すると，⑦回路の過電流継電器のメーク接点 51-m が閉じます．

● 過電流継電器 51 のメーク接点 51-m が閉じたことにより，順序〔2〕以後の動作は，操作ハンドルを「切」側に倒した場合と同じですので，省略します．

シーケンス図

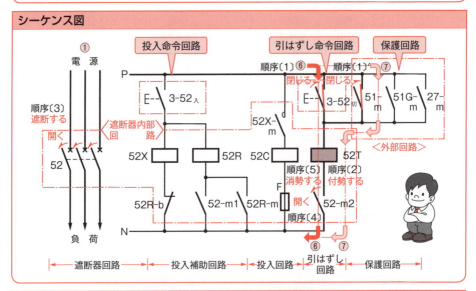

引はずし自由リレー（52R）の動き　　　●反復動作防止

❖操作ハンドルを「入」側に倒して，遮断器が投入されると同時に，保護継電器，例えば過電流継電器 51 が動作しますと，遮断器は遮断動作を優先して遮断します．この場合，操作ハンドルが「入」側にありますと，再び投入動作が行われ危険です．そこで，この反復動作を防止するため，引はずし自由リレー 52R を用い，そのブレーク接点 52R-b で投入コイル用補助リレー 52X の付勢回路を開いておきます．

8-3　交流式電磁操作方式による遮断器の制御回路

① 交流式電磁操作方式による遮断器の制御回路のシーケンス図

交流式電磁操作方式による遮断器のシーケンス図〔例〕

※電磁操作方式による遮断器の制御電源には，一般に直流が用いられるが，交流電源しか得られない場合には，変圧器を介し，整流器によって直流に変換し，これを投入用電源とするとともに，引はずしには，コンデンサ引はずし方式を用います．

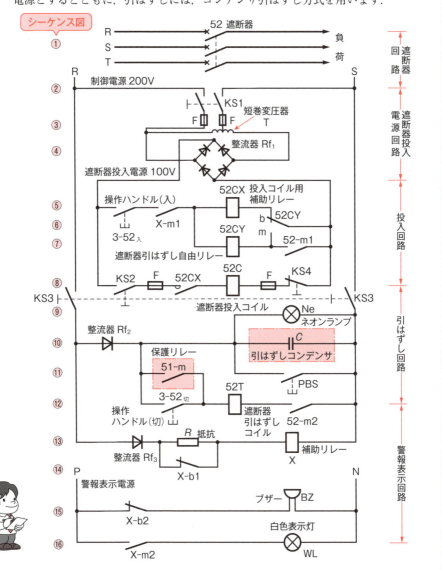

❷ 交流式電磁操作方式遮断器の投入のシーケンス動作

交流式電磁操作方式遮断器の「投入」の動作順序　　　●コンデンサ引はずし方式●

※操作ハンドルを「入」側に倒すと，遮断器が投入します．

順序〔1〕 ②回路の遮断器投入の電源スイッチKS1を閉じます．
〔2〕 ⑧回路のスイッチKS2を閉じます．
〔3〕 交流制御電源回路のスイッチKS3を閉じます．
〔4〕 交流制御電源回路のスイッチKS3が閉じると，⑩回路の引はずしコンデンサCが充電されます．
〔5〕 交流制御電源回路のスイッチKS3が閉じると，⑨回路のネオンランプNeが点灯し，引はずしコンデンサCが充電されていることを表示します．
〔6〕 交流制御電源回路のスイッチKS3が閉じると，⑭回路（ブレーク接点X-b1は閉じているので抵抗Rを短絡）により，補助リレーの電磁コイルX◻︎に瞬間的に直流電流が流れ（強励磁），補助リレーXは動作します．
　● 補助リレーXが動作すると，次の順序〔7〕，〔9〕，〔10〕，〔12〕の動作が，同時に行われます．
〔7〕 補助リレーXが動作すると，⑭回路のブレーク接点X-b1が開きます．
〔8〕 補助リレーのブレーク接点X-b1が開くと，⑬回路の抵抗Rを通して，補助リレーXは付勢され動作を継続します．
〔9〕 補助リレーXが動作すると，⑮回路のブレーク接点X-b2が開きます．
〔10〕 補助リレーXが動作すると，⑯回路のメーク接点X-m2が閉じます．
〔11〕 補助リレーのメーク接点X-m2が閉じると，⑯回路の白色表示灯WLが点灯し，交流制御電源が印加されていることを表示します．
〔12〕 補助リレーXが動作すると，⑤回路のメーク接点X-m1が閉じます．
〔13〕 ⑤回路の操作ハンドルを「入」側に倒すと，メーク接点3-52$_入$が閉じます．
〔14〕 メーク接点3-52$_入$が閉じると，⑤回路の投入コイル用補助リレーの電磁コイル52CX◻︎に電流が流れ，投入コイル用補助リレー52CXが動作します．
〔15〕 投入コイル用補助リレー52CXが動作すると，⑧回路の接点52CXが閉じます．
〔16〕 接点52CXが閉じると，⑧回路の遮断器投入コイル52C◻︎が付勢されます．
〔17〕 遮断器投入コイル52C◻︎が付勢されると，①回路の遮断器52が動作して，遮断器の主接点52が投入します．
〔18〕 遮断器52が動作すると，⑦回路の補助メーク接点52-m1が閉じます．
〔19〕 補助メーク接点52-m1が閉じると，⑦回路の遮断器引はずし自由リレーのコイル52CY◻︎に電流が流れ，遮断器引はずし自由リレー52CYが動作します．
〔20〕 遮断器引はずし自由リレー52CYが動作すると，⑤回路の切換接点52CYがブレーク接点側bからメーク接点側mに切り換わります．
　● 切換接点52CYがブレーク接点側bからメーク接点側mに切り換わると，⑤回路の投入コイル用補助リレー52CXが復帰しますので，⑧回路のメーク接点52CXが開き，遮断器投入コイル52Cの付勢回路を開路することから，投入操作中に引はずし動作が行われて，遮断器が遮断したのち，再び投入しないようになります．これを「**反復動作防止**」といいます．

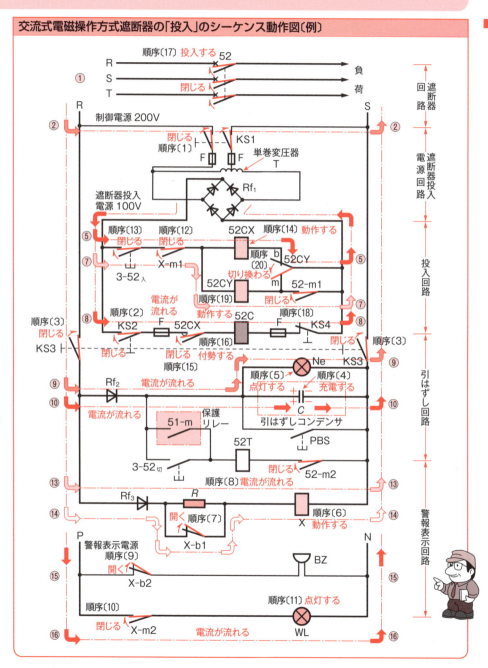

❸ 交流式電磁操作方式遮断器の警報・表示，引はずしのシーケンス動作

交流式電磁操作方式遮断器の「警報・表示」の動作順序　　●コンデンサ引はずし方式●

※コンデンサ引はずし装置は，遮断器引はずし電源として，きわめて重要な装置ですから，その充電電源である交流制御電源が喪失すると，警報・表示を行います。

順序〔1〕　交流制御電源が喪失する(例：スイッチ KS 3「開」)。
〔2〕　交流制御電源が喪失すると，⑬回路の補助リレーの電磁コイル X ▢ に電流は流れず，補助リレー X が復帰します。
● 補助リレー X が復帰すると，次の順序〔3〕,〔4〕,〔6〕,〔8〕の動作が同時に行われます。
〔3〕　補助リレー X が復帰すると，⑭回路のブレーク接点 X-b1 が閉じます。
〔4〕　補助リレー X が復帰すると，⑮回路のブレーク接点 X-b2 が閉じます。
〔5〕　ブレーク接点 X-b2 が閉じると，⑮回路のブザー BZ が鳴り，警報を発します。
〔6〕　補助リレー X が復帰すると，⑯回路のメーク接点 X-m2 が開きます。
〔7〕　補助リレー X のメーク接点 X-m2 が開くと，⑯回路に電流は流れず，交流制御電源表示用の白色表示灯 WL が消灯します
〔8〕　補助リレー X が復帰すると，⑤回路のメーク接点 X-m1 が開きます。
● メーク接点 X-m1 が開くと，投入回路が「開路」し，ロックされます。

交流式電磁操作方式遮断器の「引はずし」の動作順序　　●コンデンサ引はずし方式●

※操作ハンドルを「切」側に倒すか，保護継電器が動作すると，遮断器は遮断します。

順序〔9〕　操作ハンドルを「切」側に倒して，⑫回路の接点 3-52切 を閉じるか，または⑪回路の保護リレーの接点(例：過電流継電器接点 51-m)を閉じます。
〔10〕　⑫回路の接点 3-52切 (または，⑪回路の保護リレーの接点 51-m)が閉じると，⑨回路と⑫回路(または，⑪回路)の循環回路が生じ，⑨回路の引はずしコンデンサ C が放電し，循環放電電流が流れます。
〔11〕　このコンデンサ C の放電電流により，⑫回路の引はずしコイル 52T ▢ を付勢します（引はずしコンデンサ C の放電電流は，交流制御電源が停電または電圧低下時に，遮断器の引はずし不能を防ぎます）。
〔12〕　引はずしコイル 52T ▢ が付勢すると，①回路の遮断器 52 が遮断します。
〔13〕　遮断器 52 が遮断すると，⑫回路の補助メーク接点 52-m2 が開きます。
〔14〕　遮断器の補助メーク接点 52-m2 が開くと，⑫回路の引はずしコイル 52T ▢ に電流は流れず，消勢します。
〔15〕　遮断器の補助メーク接点 52-m2 が開くと，循環回路が「開路」するので，引はずしコンデンサ C は放電をやめます。そして交流制御電源が回復すると，引はずしコンデンサは充電して次の引はずしに備えます。

遮断器の引はずし操作電源を自己の交流電源から得る場合，停電時または短絡事故時の電圧低下により，遮断器が引はずし不能となるおそれがあるので，コンデンサ引はずし方式が用いられます。

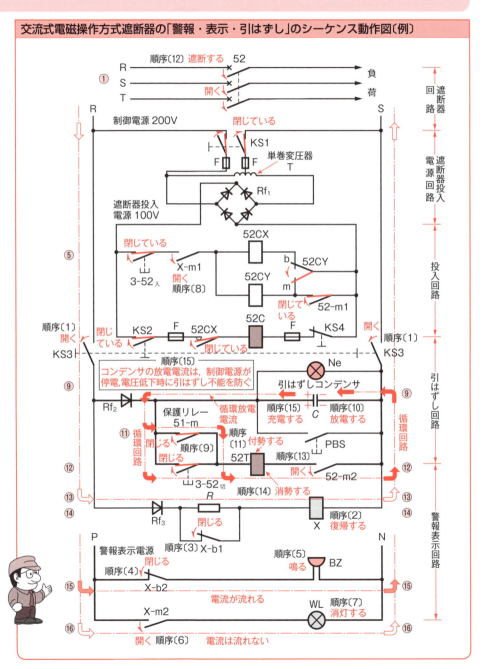

8-4 自家用受電設備の試験回路

1 過電流継電器と遮断器の連動試験回路

過電流継電器と遮断器の連動試験の目的

❖ 自家用受電設備に設置される過電流継電器は，受電用遮断器から負荷側の高圧回路に過電流，短絡事故が生じた場合に，すみやかに動作して，遮断器を開放し，事故の波及を最小限にします．ここでは，この両者の関連動作を試験するのが目的です．

過電流継電器と遮断器の連動試験の試験回路（例）

❖ 下図に示す試験回路は，とくに試験の手順の理解を容易にするため，それぞれ機能を持つ測定機器を個別に配線した回路図です．実務的には，これらの測定機能を持つ市販されている試験装置を使用するとよいでしょう．

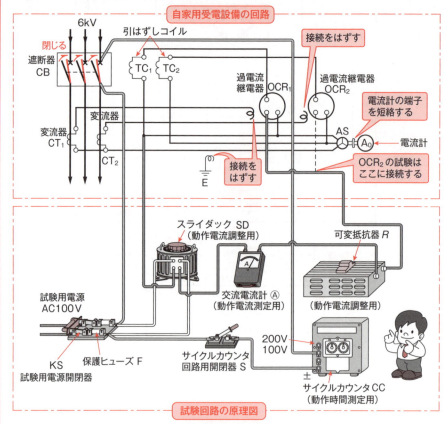

(1) 受電用遮断器 CB を遮断し，受電室の引込口断路器 DS を開放します．
(2) 変流器 CT の二次側配線および接地線を取りはずします．
(3) 受電盤に施設してある電流計，電力計，力率計などの電流端子を短絡します．

過電流継電器の最小動作電流の試験順序

❖ **過電流継電器の最小動作電流**とは，過電流継電器(誘導形)の円板が回転して，接点が完全に閉じるのに必要な最小の入力電流をいいます．

試験順序 〔過電流継電器には，誘導形と静止形とがありますが，ここでは動作原理の理解しやすい誘導形について説明します．〕

順序〔1〕 遮断器 CB を投入します(前ページの回路図参照：引込口断路器は開)．
　　〔2〕 過電流継電器 OCR_1 の限時設定レバーを 10 の目盛に合わせ，電流タップを 4(または 5)にします．
　　〔3〕 スライダック SD のダイヤルを 0 にし，可変抵抗器 R を最大に設定します．
　　〔4〕 試験用電源開閉器 KS を投入します．
　　〔5〕 交流電流計Ⓐを見ながら，スライダック SD の電圧を徐々に上げて，可変抵抗器 R を調整して設定された電流タップ値に応じた電流を流します．
　　〔6〕 過電流継電器の円板が動き出しても，完全に回転して，内蔵する接点が閉じるまで，電流を増加します．
　　〔7〕 過電流継電器の接点が閉じると，遮断器が遮断(トリップ)します．
　　〔8〕 このときの交流電流計Ⓐの指示が，最小動作電流値を示します．

過電流継電器の限時特性の試験順序

❖ **過電流継電器の限時特性**とは，過電流継電器の電流タップ設定値の 200％(300％，500％)の負荷電流を流したとき，継電器動作時限を含んだ遮断器の開路時間をいいます．

試験順序 〔誘導形過電流継電器について説明します．〕

順序〔1〕 遮断器 CB を投入します(前ページの回路図参照：引込口断路器は開)．
　　〔2〕 過電流継電器 OCR_1 の限時設定レバーを 10 の目盛に合わせ，電流タップを 4(または 5)にします．
　　〔3〕 過電流継電器の円板を指先で軽く押さえます(紙片をはさんでもよい)．
　　〔4〕 試験用電源開閉器 KS を投入します．
　　〔5〕 スライダック SD および可変抵抗器 R を調整して，交流電流計Ⓐの指示を設定電流タップの 200％の電流値に合わせます．
　　〔6〕 試験用電源開閉器 KS を切り，過電流継電器の接点を復帰させます．
　　〔7〕 サイクルカウンタの目盛を 0 に合わせ，その開閉器 S を投入します．
　　〔8〕 試験用電源開閉器 KS を投入します．
　　〔9〕 過電流継電器の円板が回転して，内蔵する接点が動作し閉じて，遮断器 CB が遮断(トリップ)するまで，そのままとします．
　　〔10〕 遮断器 CB が遮断すると，サイクルカウンタ CC が停止するので，その指示値を読みます(市販の試験装置では，動作時間がそのまま表示される)．
　　　　● サイクルカウンタ CC の指示値はサイクルですから，電源周波数で割れば，秒に換算され，動作時間となります．

❷ 地絡継電器と遮断器の連動試験回路

地絡継電器と遮断器の連動試験の目的

❋ 自家用受電設備に設置される地絡継電器は，零相変流器から負荷側の高圧回路に，地絡事故が生じた場合に，すみやかに動作して，遮断器を開放し，電力会社のき電線への事故波及を防止します．ここでは，この両者の関連動作を試験するのが目的です．

地絡継電器と遮断器の連動試験の試験回路〔例〕

❋ 下図に示す試験回路は，とくに試験の手順の理解を容易にするため，それぞれ機能を持つ測定機器を個別に配線した回路図です．実務的には，これらの測定機能を持つ市販されている試験装置を使用するとよいでしょう．

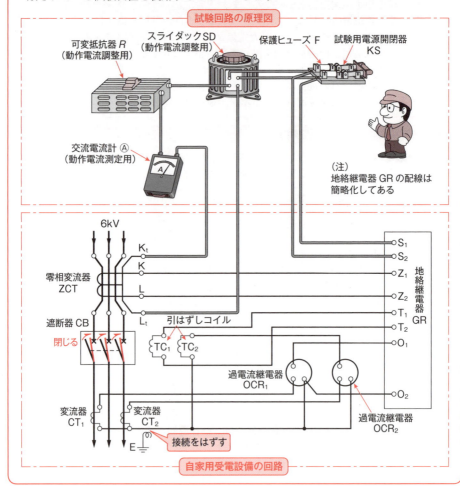

地絡継電器の最小動作電流の試験順序

試験の準備

（1）受電用遮断器 CB および受電室の引込口断路器 DS を開放します．
（2）零相変流器回路の試験用配線は，零相変流器 ZCT の試験用端子 K_t，L_t に接続します．
（3）変流器 CT の接地線を取りはずします．

試験順序

順序〔1〕遮断器 CB を投入します（前ページの回路図参照：引込口断路器は開）．
〔2〕地絡継電器 GR の感度設定電流値を，例えば 0.1A（最小値）にします．
〔3〕スライダック SD のダイヤルを 0 にし，可変抵抗器 R を最大に設定します．
〔4〕試験用電源開閉器 KS を投入します．
〔5〕スライダック SD および可変抵抗器 R を調整して，交流電流計Ⓐの指示が所要感度設定電流値より，やや少なめになるようにします．
〔6〕可変抵抗器 R を調整し，徐々に電流を増加して，地絡継電器 GR を動作させます．
〔7〕地絡継電器 GR が動作して，内蔵する接点を閉じると，遮断器 CB が遮断（トリップ）します．
〔8〕このときの電流計Ⓐの指示値が地絡継電器 GR の最小動作電流を示します．
〔9〕地絡継電器 GR の復帰用ボタンを押して，復帰させます．
〔10〕スライダック SD のダイヤルを 0 にします．
〔11〕試験用電源開閉器 KS を切ります．

●備　考●
（1）地絡継電器の各感度（電流）設定値ごとに，上記の試験を繰り返し行うとよいでしょう．
　●定期点検では，現在の地絡継電器の感度設定電流値での試験は必ず行ってください．
（2）自家用受電設備が受電中の場合は，地絡継電器の試験用押しボタンを押して，遮断器を遮断（トリップ）させれば，地絡継電器の動作は確認できます．
　●この場合，負荷側への電力供給が断となります．

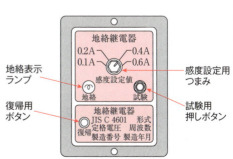

〈地絡継電器〔例〕〉

❸ 自家用受電設備の接地抵抗測定回路

自家用受電設備の接地抵抗測定の目的

❖ 接地工事は，絶縁不良に起因する感電，火災などの事故を防止するため，電路および避雷器，変圧器，遮断器など，自家用受電設備はもとより，負荷設備である電動機など，各所に施されております．したがって，接地抵抗の測定は，充分にその保安の目的を果たすかどうかを確認する重要な測定です．

自家用受電設備の接地抵抗測定の測定回路（例）　　●キュービクルの場合●

❖ 自動式接地抵抗計（指示計により接地抵抗値を直読できる）を用いた場合を示します．

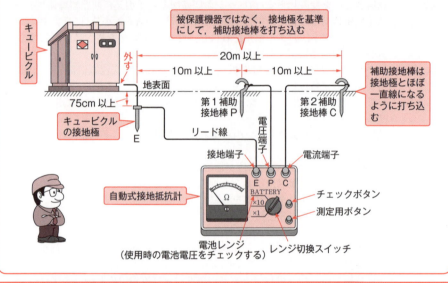

自家用受電設備の接地抵抗測定の測定順序（例）

順序〔1〕　第1補助接地棒P，第2補助接地棒Cをキュービクルの接地極Eと，ほぼ一直線になるように，10m以上ずつ離して打ち込みます．

〔2〕　接地抵抗計のE端子（接地端子）につながるリード線をキュービクルの接地極Eに接続します（キュービクルの接地線をはずした接地極にリード線を接続する）．

〔3〕　第1補助接地棒Pのリード線を接地抵抗計のP端子（電圧端子）に，第2補助接地棒Cのリード線をC端子（電流端子）に，それぞれ接続します．

〔4〕　接地抵抗計のレンジ切換スイッチを×1，×10のいずれかとし，チェックボタンを押して，指示が"CHECK"のわく内にあるかを確認（電池電圧）します．

〔5〕　接地抵抗計の測定用ボタンを押し，このときの指示計の指針の読みが接地抵抗値を示します（レンジ切換スイッチが，×10の場合は10倍する）．

❹ 自家用受電設備の絶縁抵抗測定回路

自家用受電設備の絶縁抵抗測定の目的

※自家用受電設備が安全に運転使用されるためには，電気設備技術基準に規定されているように，保安上または電路の保護上，接地を施している箇所を除き，すべて大地から絶縁されているのが原則です．そこで，絶縁抵抗計（メガ）を用いて，配線はもちろん機器内部の導電部に至るまで，すべての電路の絶縁を測定して，その良否を判定し，未然に事故を防止するようにいたします．

自家用受電設備の絶縁抵抗測定の測定回路〔例〕　　●高圧電路の場合●

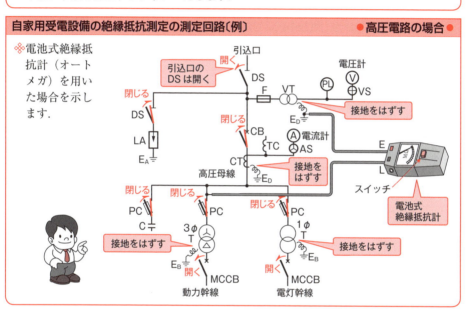

自家用受電設備の絶縁抵抗測定の測定順序〔例〕

順序〔1〕自家用受電設備の引込口断路器 DS を開いて無充電状態とします．
　　〔2〕主変圧器二次側（低圧側）の配線用遮断器 MCCB を開いて，電灯幹線，動力幹線を分離します．
　　〔3〕接地工事を施してある機器（避雷器を除く）の接地線を取りはずします．
　　〔4〕高圧電路中の遮断器 CB などの開閉器は，「入」の状態とします．
　　〔5〕絶縁抵抗計の E 端子（接地端子）につないだリード線を電路の接地線に接続します．
　　〔6〕絶縁抵抗計の L 端子（線路端子）につないだリード線を電路または機器の充電部（断路器 DS が開いているので電流は流れていない）に接続します．
　　〔7〕絶縁抵抗計のスイッチを入れ，指針の読みが絶縁抵抗値を示します．
　　　　●高圧電路は低圧電路と異なり，対地静電容量が大きいので，指針が落ちついてから読むようにするとよいでしょう（1分値）．

⑤ 自家用受電設備の絶縁耐力試験回路

自家用受電設備の絶縁耐力試験の目的

※自家用受電設備の絶縁耐力試験の目的は，自家用受電設備を構成する電気機器およびそれにつながる電線路の絶縁強度が，通常使用する電圧，そして外雷または開閉サージなどの異常電圧に対して，絶縁破壊，短絡，地絡などの事故を起こすことなく，使用できるかどうかを，電気設備技術基準に準拠した試験電圧を印加して，試験することです。

自家用受電設備の絶縁耐力試験の試験回路〔例〕　●配電用変圧器を用いる場合

※自家用受電設備の絶縁耐力試験には，一般に市販されている交流耐電圧試験器を用いておりますが，絶縁耐力試験の手順の理解を容易にするため，下図のようにそれぞれ機能を持つ試験器具を個別に配線して行う場合について説明いたします。

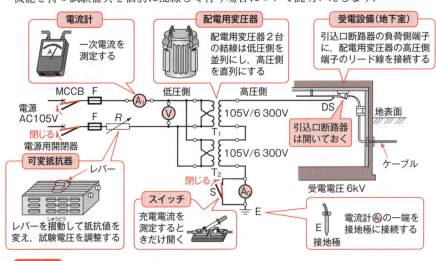

文字記号

- MCCB：電源用開閉器（配線用遮断器）
- F　：保護ヒューズ
- Ⓐ₁　：一次電流測定用電流計
- Ⓥ　：一次電圧測定用電圧計
- Ⓐ₂　：二次電流測定用電流計
- S　：電流計Ⓐ₂短絡用開閉器
- T₁，T₂：配電用変圧器
- R　：可変抵抗器
- DS：引込口断路器

〔備考〕配電用変圧器2台のうち，1台の高圧側端子は，試験電圧と同一の対地電圧（特別高圧）を受けることになるので，高圧側変圧器は，絶縁台の上に設置するとよい。

予備試験　　　　　　　　　　　　　　　　　●絶縁抵抗の測定

※絶縁耐力試験を行う前には，必ず予備試験として，試験回路ごとに絶縁抵抗を測定して，その値から，絶縁耐力試験を実施することが，適当かどうかを判定する必要があります。

自家用受電設備の絶縁耐力試験の方法　　●試験区分・試験順序●

絶縁耐力試験の試験区分

※自家用受電設備の絶縁耐力試験に際しては，断路器，遮断器，開閉器，変成器，高圧母線など，試験電圧が主変圧器と同じ機器は，主変圧器と一括して，充電部と大地間に試験電圧を印加するとよいです．この場合，引込口断路器は開放したままとして，遮断器を投入し，主変圧器，電力コンデンサなど，機器すべてを使用状態とします．

試験順序

順序〔1〕 三相一括して試験電圧を印加するため，引込口断路器 DS の刃（負荷側）の3極（R，S，T相）とも細い裸銅線で，順次つないで短絡します．

〔2〕 配電用変圧器 T_1 の高圧側端子につないだリード線（特別高圧用）を，引込口断路器 DS の負荷側の3極短絡端子に接続します．

〔3〕 可変抵抗器 R の抵抗値を最大に設定します．

〔4〕 試験回路の電源用開閉器 MCCB を入れます（試験開始の合図をする）．

〔5〕 電圧計Ⓥ，電流計Ⓐを見ながら，可変抵抗器 R を加減して，徐々に電圧を上げます．

〔6〕 電圧計Ⓥの指示値が，規定電圧になったら，可変抵抗器 R をそのままとして，ストップウォッチを押します．

〔7〕 電流計Ⓐの指示値（一次電流）を読みます．

〔8〕 電流計Ⓐの指示値（二次電流）を短絡用開閉器 S を開いて読みます．

〔9〕 高圧側配線および機器に試験電圧が加わっているか，特別高圧検電器で検電し調べます．

〔10〕 ストップウォッチが10分を経過したら，電圧印加を完了します．

〔11〕 可変抵抗器 R により電圧を徐々に下げます．

〔12〕 試験回路の電源用開閉器 MCCB を切ります（試験完了の合図をする）．

● 試験回路のリード線および引込口断路器 DS の裸銅線をはずします．

試験電圧の計算のしかた

※一般に，試験電圧は配電用変圧器の低圧側で測定し，高圧側に規定の試験電圧が印加されているかどうかは，使用変圧器の変圧比から，計算により求めます．

　　低圧側電圧計の指示 ＝ 最大電圧 ×1.5× 変圧比

例：受電電圧 6 kV の場合

　　電圧計の指示値 = 6 900 [V] ×1.5× (105/6 300) = 172.5 [V]

　　　　（変圧比：105V/6 300V）

資料　照明設備の自動点滅制御回路

照光看板の自動点滅制御

❖照光看板は，夕方から夜半まで照明し，人通りの少ない深夜には照明を消すと，電力が節約できます。

❖照光看板を自動点滅器で点灯し，タイマで夏と冬との照明時間をおのおの設定して用いるとよいでしょう。

照光看板の自動点滅制御のシーケンス図〔例〕

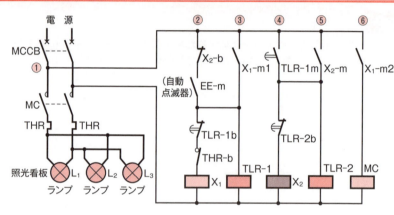

●シーケンス動作●

1．夕方（周囲が暗くなるとき）の動作
（１）　周囲が暗い夕方では，②回路の自動点滅器のメーク接点 EE-m が閉じるので，補助リレー X_1 が動作するとともに，③回路のタイマ TLR-1 が付勢します。
（２）　補助リレー X_1 が動作すると，⑥回路のメーク接点 X_1-m2 が閉じ電磁接触器 MC が動作して，①回路のランプ L_1，L_2，L_3 が点灯して照光看板を照明します。

2．夜半（タイマ TLR-1 の設定時限経過後）の動作
（３）　タイマ TLR-1 の設定時限（点灯から夜半の消灯までの時間）が経過すると，②回路の限時動作ブレーク接点 TLR-1b が開き，補助リレー X_1 を復帰しますので，⑥回路の電磁接触器 MC も復帰し，①回路のランプ L_1，L_2，L_3 を消灯します。
（４）　タイマ TLR-1 が動作すると，④回路の限時動作瞬時復帰メーク接点 TLR-1m が閉じて，補助リレー X_2 を動作させ，②回路のブレーク接点 X_2-b が開いて自動点滅回路を開路するとともに，タイマ TLR-2 を付勢します。

3．朝（タイマ TLR-2 の設定時限経過後）の動作
（５）　タイマ TLR-2 の設定時限（消灯から朝までの時間）が経過すると，④回路の限時動作瞬時復帰ブレーク接点 TLR-2b が開いて，補助リレー X_2 を復帰させますので，②回路のブレーク接点 X_2-b が閉じ，自動点滅回路が閉路します。
（６）　自動点滅器のメーク接点 EE-m は，朝のため周囲が明るいので開いており，ランプ L_1，L_2，L_3 は消灯したままとなります。

第9章

空調設備のシーケンス制御

この章のポイント

　この章では，空調設備のシーケンス制御について，その装置例をもとに，調べてみることにいたしましょう．

（1）　ビルの空調設備として，ファンコイルユニットおよびダクトによる空調系統図の例を示しておきましたので，各空調機器相互間の関連を把握しておきましょう．

（2）　空調設備の温熱源としてのボイラでは，給水量制御，蒸気圧力制御などといろいろな制御が行われていますが，このうち「ボイラの自動運転制御」を例としてあげておきました．ここにはバーナの点火から，着火ミス，給水量不足，蒸気圧異常などによる安全停止回路も含め，その動作順序をわかりやすく説明しておきました．

（3）　冷水や温水を部屋の中にまでもってきて，室内空気と熱交換させるファンコイルユニットの風量調節による温度制御のしくみをやさしく説明してあります．

9-1 空調設備の制御方式

❶ 空調設備の系統図とボイラの構造

空調設備の系統図(例)

※ 空調設備(空気調和設備)には,一つの建物を一つの空調装置で,夏は冷風を作り,冬は温風を作って,ダクトを用いて各部屋に一定風量を送風する中央制御方式と,部屋ごとに単独に空調する個別制御方式とがあります.

●中央制御方式●
単一ダクト方式
二重ダクト方式
各階調和方式
マルチゾーン方式

●個別制御方式●
誘引ユニット方式
パッケージ調和方式
ファンコイルユニット方式(164ページ参照)

●ビルの空調設備のシステム例●

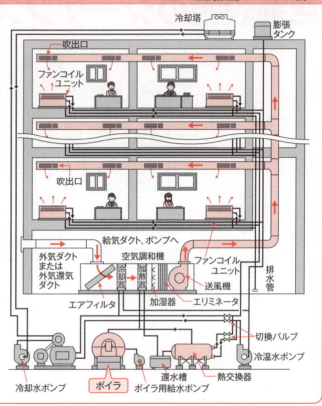

ボイラの構造

※ ここでは,主にボイラの自動運転について解説することにします.
※ ボイラは,密閉した容器の中の水を加熱して,蒸気または温水を作る装置で,燃焼装置と燃焼室,ボイラ本体,給水や通風を行う付属設備および自動制御装置,安全弁や水面計などの付属部品から構成されています.

●オイルバーナ式ボイラ●

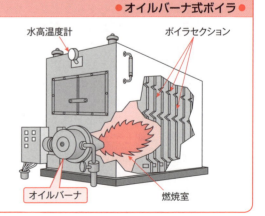

9-2　ボイラの自動運転制御

❶ ボイラの自動運転制御のシーケンス図とタイムチャート

ボイラと暖房装置

❖空調設備(空気調和設備)の暖房の熱源としては，ボイラがおもに用いられておりますが，それを暖房方式によって大別すると，蒸気暖房と温水暖房とに分けられます．
（1）**蒸気暖房**とは，ボイラで発生した蒸気を，蒸気配管を通して放熱器に供給し，放熱器で蒸気の熱を放散して，部屋を暖める方法をいいます．
（2）**温水暖房**とは，ボイラで温水を作って，給湯配管を通して温水を放熱器に供給し，放熱器で温水の熱を放散して，部屋を暖める方法をいいます．

ボイラの自動始動・停止のシーケンス制御

❖ボイラの制御としては，給水量制御，蒸気圧制御などがありますが，ここでは心臓部ともいえる自動始動・停止のシーケンス制御について，その働きを調べてみることにいたしましょう．そこで，次のページに油だきボイラの自動始動・停止のシーケンス図の一例を示しておきました．一見複雑そうに見えますが，ご心配は無用です．

❖シーケンス図に用いられているおもな機器の文字記号と，その働きは，次のとおりです．

機器名	文字記号	働き
●始動・停止スイッチ	3S	このスイッチを開閉することにより，ボイラは始動，停止します．
●フレームアイ	Fe	主バーナが着火しているかどうかを検知する検知器をいい，ブレーク接点 Fe-b1 は不着火または断火になると動作して開きます．
●主バーナ用モータ	BM	このモータが回転し，主バーナ電磁弁 MV2 が開くと，燃料油を噴射します．
●プリパージタイマ	2P	主バーナ用モータを運転してからバーナを着火させるまでの時限をとるタイマで，メーク接点 2P-m は運転用電磁接触器 52M が投入してから 30 秒で閉じます．
●着火装置タイマ	2S	主バーナが着火ののちに，着火バーナの回路を開放するためのタイマで，ブレーク接点 2S-b は運転用電磁接触器 52M が投入してから 60 秒で開きます．
●不着火タイマ	62S	主バーナが不着火のときに，運転用電磁接触器 52M を開放するためのタイマで，ブレーク接点 62S-b はプリパージタイマ 2P が動作後 15 秒で開きます．
●低水位リレー	LW	水位が低下すると，動作します．
●圧力スイッチ	BP	蒸気圧が過昇となると，動作して開きます．

❶ ボイラの自動運転制御のシーケンス図とタイムチャート（つづき）

ボイラの自動始動・停止制御のシーケンス図（例）

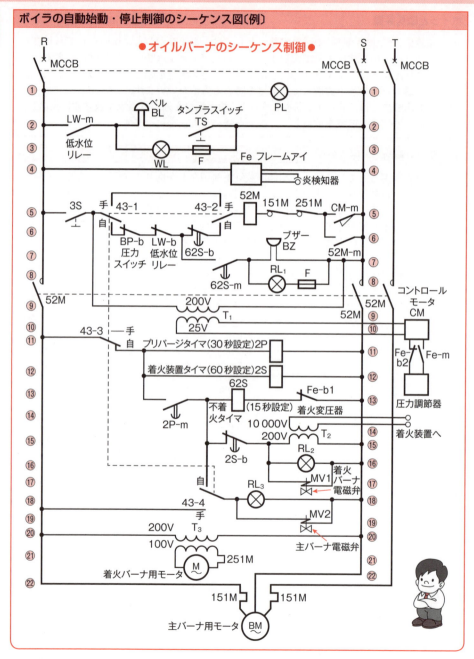

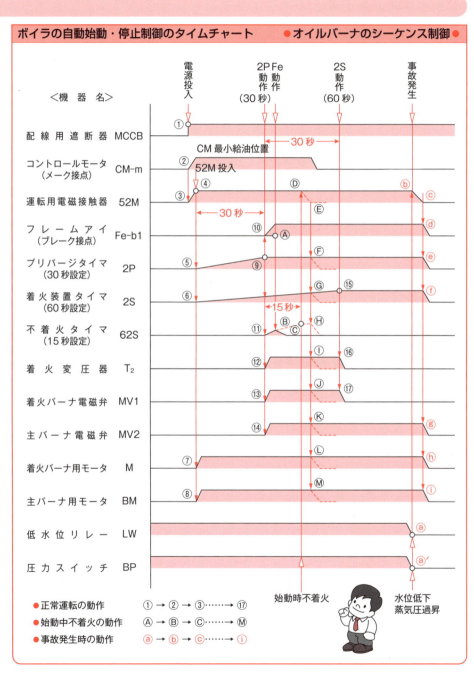

❷ ボイラの始動・運転のシーケンス動作

ボイラの始動・運転のシーケンス動作順序〔1〕　●主バーナ用モータの運転●

❈始動スイッチ 3S を入れると，運転用電磁接触器 52M が動作して，着火バーナ用モータ M および主バーナ用モータ BM が運転されます．

順序〔1〕　配線用遮断器 MCCB（電源スイッチ）を投入し閉じます．
　〔2〕　配線用遮断器を投入し閉じると，①回路の電源表示灯 PL が点灯します．
　〔3〕　自動・手動切換スイッチ 43-1（⑤回路），43-2（⑤回路），43-3（⑪回路），43-4（⑱回路）を，すべて「自動」側に入れます．
　〔4〕　⑤回路の始動スイッチ 3S を入れ閉じます．
　〔5〕　始動スイッチ 3S が閉じると，⑤回路の運転用電磁接触器の電磁コイル 52M □ に電流が流れ，運転用電磁接触器 52M が動作します．
　〔6〕　運転用電磁接触器 52M が動作すると，⑥回路の自己保持メーク接点 52M-m が閉じ，自己保持します．
　〔7〕　運転用電磁接触器 52M が動作すると，電源母線に接続された主接点 52M が，三相とも同時に閉じます．
　　●運転用電磁接触器の主接点 52M が閉じると，次の順序〔8〕，〔10〕，〔11〕，〔12〕の動作が同時に行われます．
　〔8〕　運転用電磁接触器の主接点 52M が閉じると，⑳回路の変圧器 T_3 の一次コイルに電流が流れます．
　〔9〕　変圧器 T_3 の一次コイルに電流が流れると，二次コイルにも電流が流れ，㉑回路の着火バーナ用モータ M が始動，運転されます．
　〔10〕　運転用電磁接触器の主接点 52M が閉じると，㉒回路の主バーナ用モータ BM に電流が流れ，始動，運転されます．
　〔11〕　運転用電磁接触器の主接点 52M が閉じると，⑪回路のプリパージタイマ 2P（30 秒設定）が付勢されます．
　〔12〕　運転用電磁接触器の主接点 52M が閉じると，⑫回路の着火装置タイマ 2S（60 秒設定）が付勢されます．

ボイラ始動時の運転用電磁接触器 52M が動作する条件

❈ボイラが始動するには，⑤回路の運転用電磁接触器 52M が動作しなくてはなりませんが，その 52M が動作する条件は，次のとおりです．
（1）　蒸気圧が正常で，圧力スイッチ BP のブレーク接点 BP-b が動作せず閉じている．
（2）　ドラムの水位が正常で，低水位リレーのブレーク接点 LW-b が動作せず閉じている．
（3）　不着火タイマ 62S のブレーク接点 62S-b が閉じている．
（4）　主バーナ用モータの熱動過電流リレーのブレーク接点 151M，着火バーナ用モータの熱動過電流リレーのブレーク接点 251M が動作せず閉じている．
（5）　給油自動調節弁用コントロールモータ CM のメーク接点 CM-m が閉じている．
　　（注）　コントロールモータ CM が最小給油位置にあれば，メーク接点 CM-m は閉じている．

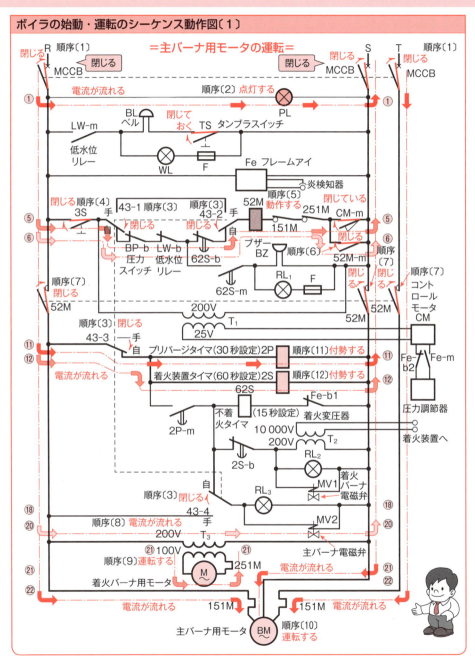

❷ ボイラの始動・運転のシーケンス動作（つづき）

ボイラの始動・運転のシーケンス動作順序（2）　　●主バーナの着火動作●

※プリパージタイマ 2P の設定時限（30 秒）が経過すると，着火バーナが着火し，さらに，この着火バーナによって，主バーナが着火します．

順序〔13〕　付勢して 30 秒が経過すると，⑪回路のプリパージタイマ 2P が動作します．
〔14〕　プリパージタイマ 2P が動作すると，⑬回路の限時動作瞬時復帰メーク接点 2P-m が閉じます．
 ● 限時動作瞬時復帰メーク接点 2P-m が閉じると，次の順序〔15〕，〔16〕，〔18〕，〔19〕，〔20〕，〔21〕の動作が同時に行われます．
〔15〕　限時動作瞬時復帰メーク接点 2P-m が閉じると，⑬回路の不着火タイマ 62S（15 秒設定）が付勢されます．
〔16〕　限時動作瞬時復帰メーク接点 2P-m が閉じると，⑮回路の着火変圧器 T_2 の一次コイルに電流が流れます．
〔17〕　着火変圧器 T_2 の一次コイルに電流が流れると，二次コイルには約 10 000V の高電圧が発生し，着火装置の火花間隙に火花を発生させます．
〔18〕　限時動作瞬時復帰メーク接点 2P-m が閉じると，⑰回路の着火バーナ電磁弁 MV1 に電流が流れ，着火バーナ電磁弁 MV1 は動作して給油管の弁が全開し，着火装置で発生する火花によって着火します．
〔19〕　限時動作瞬時復帰メーク接点 2P-m が閉じると，⑯回路の赤色ランプ RL_2 に電流が流れ点灯し，着火バーナ電磁弁が開いていることを表示します．
〔20〕　限時動作瞬時復帰メーク接点 2P-m が閉じると，⑲回路の主バーナ電磁弁 MV2 に電流が流れ，電磁弁は動作して給油管の弁が全開し，着火バーナによって，主バーナが着火します．
 ● 順序〔10〕（154 ページ）で主バーナ用モータが運転されても，プリパージタイマ 2P が動作して，主バーナ電磁弁 MV2 が動作するまでの時間（30 秒）は，まだ給油されていないため，主バーナ用モータは，からまわりしており，送風機によって空気だけが炉内に送られて，炉内のガスを追い出します．
〔21〕　限時動作瞬時復帰メーク接点 2P-m が閉じると，⑱回路の赤色ランプ RL_3 に電流が流れ点灯し，主バーナ電磁弁 MV2 が開いていることを表示します．
〔22〕　主バーナが着火しますと，④回路の炎検知器が炎を検知します．
〔23〕　炎検知器が炎を検知すると，④回路のフレームアイ Fe が動作します．
〔24〕　フレームアイ Fe が動作すると，⑬回路のブレーク接点 Fe-b1 が開きます．
〔25〕　ブレーク接点 Fe-b1 が開くと，⑬回路の不着火タイマ 62S は消勢します．
〔26〕　着火装置タイマ 2S は付勢してから設定時限（60 秒）が経過すると，⑫回路の着火装置タイマ 2S が動作します．
〔27〕　着火装置タイマ 2S が動作すると，⑮回路の限時動作瞬時復帰ブレーク接点 2S-b が開きます．
 ● 主バーナが着火を完了すると，着火バーナ回路（⑮，⑯，⑰）は必要ないので回路を開放します．

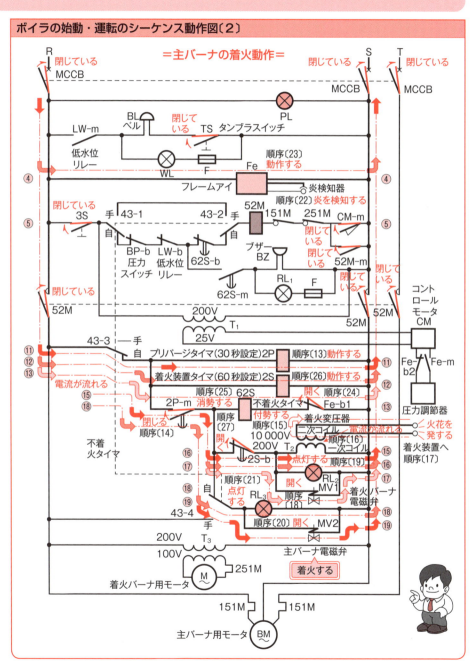

❸ ボイラの保護・警報のシーケンス動作

ボイラの保護・警報のシーケンス動作順序〔1〕　　●主バーナが断火した場合●

※始動のときに，主バーナの着火に失敗するか，あるいは運転中に，何らかの理由によって，主バーナが断火すると，炎検知器によりそれを検知し，不着火タイマ 62S が動作して，運転用電磁接触器 52M を開放するとともに，赤色ランプ RL_1 を点灯し，ブザー BZ を鳴らして警報を発します。

〈運転中に主バーナが断火した場合〉

順序〔1〕運転中に主バーナが断火すると，④回路の炎検知器が炎を検知しません。
　〔2〕炎検知器が炎を検知しないと，④回路のフレームアイ Fe が復帰します。
　〔3〕フレームアイ Fe が復帰すると，⑬回路のブレーク接点 Fe-b1 が閉じます。
　〔4〕フレームアイのブレーク接点 Fe-b1 が閉じると，⑬回路の不着火タイマ 62S（15秒設定）が付勢します。
　〔5〕付勢して 15 秒が経過すると，⑬回路の不着火タイマ 62S が動作します。
　〔6〕不着火タイマ 62S が動作すると，⑤回路の限時動作瞬時復帰ブレーク接点 62S-b が開きます。
　〔7〕限時動作瞬時復帰ブレーク接点 62S-b が開くと，⑤回路の運転用電磁接触器の電磁コイル 52M □ に電流は流れず，運転用電磁接触器 52M が復帰します。
　〔8〕運転用電磁接触器 52M が復帰すると，⑥回路の自己保持メーク接点 52M-m が開き，自己保持を解きます。
　〔9〕運転用電磁接触器 52M が復帰すると，電源母線に接続された運転用電磁接触器の主接点 52M が開きます。
　〔10〕運転用電磁接触器の主接点 52M が開くと，㉒回路の主バーナ用モータ BM に電流は流れず，停止します。
　　●運転用電磁接触器の主接点 52M が開いた場合の詳しい動作の説明は，162 ページの"ボイラの停止動作順序"の項を参照してください。
　〔11〕不着火タイマ 62S が動作（順序〔5〕）すると，⑦回路の限時動作瞬時復帰メーク接点 62S-m が閉じます。
　〔12〕限時動作瞬時復帰メーク接点 62S-m が閉じると，⑦回路のブザー BZ に電流が流れて，ブザーが鳴り警報を発します。
　〔13〕限時動作瞬時復帰メーク接点 62S-m が閉じると，⑧回路の赤色ランプ RL_1 が点灯し，主バーナが断火したことを表示します。

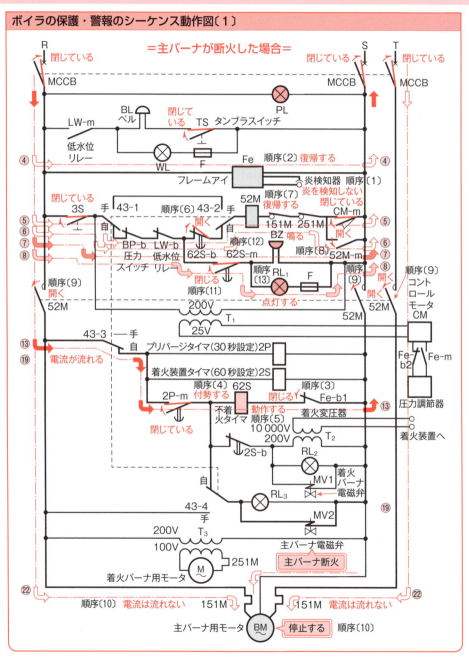

❸ ボイラの保護・警報のシーケンス動作(つづき)

ボイラの保護・警報のシーケンス動作順序〔2〕　　●低水位となった場合●

※ボイラへの給水量が不足すると，"からかま"状態となり，ボイラが変形したり，破裂したりする事故を生ずるので，その前に低水位リレーLW(ブレーク接点LW-b，メーク接点LW-m)が動作して，運転用電磁接触器52Mを開放するとともに，白色ランプWLを点灯し，ベルBLを鳴らして警報を発します。

〈運転中に低水位となった場合〉

順序〔1〕　ボイラへの給水量が不足し，低水位になると，低水位リレーLWが動作して，⑤回路のブレーク接点LW-bが開きます。

〔2〕　低水位リレーのブレーク接点LW-bが開くと，⑤回路の運転用電磁接触器のコイル52M □ に電流は流れず，運転用電磁接触器52Mが復帰します。

〔3〕　運転用電磁接触器52Mが復帰すると，⑥回路の自己保持メーク接点52M-mが開き，自己保持を解きます。

〔4〕　運転用電磁接触器52Mが復帰すると，電源母線に接続された運転用電磁接触器の主接点52Mが開きます。

〔5〕　運転用電磁接触器の主接点52Mが開くと，㉒回路の主バーナ用モータBMに電流は流れず，停止します。

　●運転用電磁接触器の主接点52Mが開いた場合の詳しい動作の説明は，162ページの"ボイラの停止動作順序"の項を参照してください。

〔6〕　低水位リレーLWが動作すると，②回路のメーク接点LW-mが閉じます。

〔7〕　低水位リレーのメーク接点LW-mが閉じると，②回路のベルBLに電流が流れ，ベルが鳴り警報を発します。

〔8〕　低水位リレーのメーク接点LW-mが閉じると，③回路の白色ランプWLに電流が流れ点灯し，ボイラのドラムが低水位になったことを表示します。

主バーナの火炎はどうやって監視するか　　●フレームアイの働き●

※ボイラにおいて，重油やガスを燃料とする場合，着火しない状態で燃料を供給するのは危険です。そこで，バーナの先端から光を出しているかどうかを測定して，火炎の有無を検知する装置をフレームアイ(Flame eye)といいます。

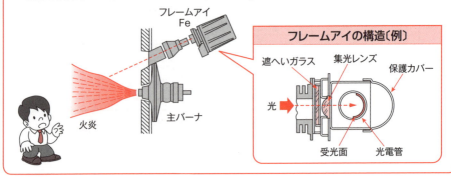

9-2 ボイラの自動運転制御

ボイラの保護・警報のシーケンス動作図〔2〕

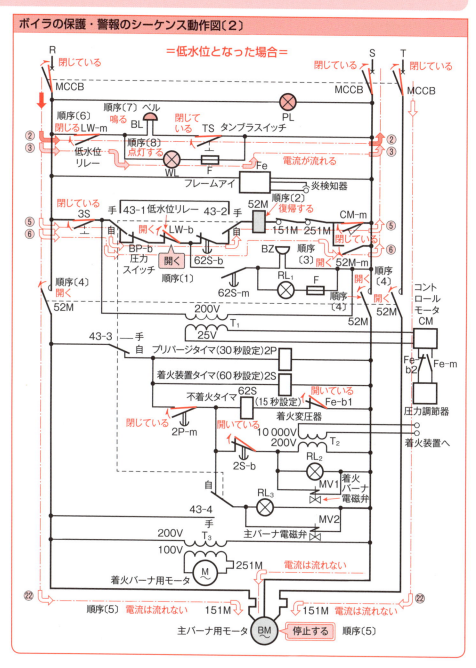

❹ ボイラの停止のシーケンス動作

ボイラの停止動作順序 ●主バーナ電磁弁「閉」・主バーナ用モータ停止動作●

※停止スイッチ3Sを開くと，運転用電磁接触器52Mが復帰して，主バーナ電磁弁MV2を閉じるとともに，主バーナ用モータBMは停止します。

順序〔1〕 ⑤回路の停止スイッチ3Sを開きます．
〔2〕 停止スイッチ3Sを開くと，⑤回路の運転用電磁接触器の電磁コイル52M □に電流は流れず，運転用電磁接触器52Mが復帰します．
〔3〕 運転用電磁接触器52Mが復帰すると，⑥回路の自己保持メーク接点52M-mが開き，自己保持を解きます．
〔4〕 運転用電磁接触器52Mが復帰すると，電源母線に接続された運転用電磁接触器の主接点52Mが，三相とも同時に開きます．
　● 運転用電磁接触器の主接点52Mが開くと，次の順序〔5〕，〔7〕，〔8〕，〔9〕，〔13〕，〔15〕の動作が同時に行われます．
〔5〕 運転用電磁接触器の主接点52Mが開くと，⑳回路の変圧器T_3の一次コイルに電流は流れなくなります．
〔6〕 変圧器T_3の一次コイルに電流が流れないと，二次コイルにも電流は流れず，着火バーナ用モータMが停止します．
〔7〕 運転用電磁接触器の主接点52Mが開くと，㉒回路の主バーナ用モータBMに電流は流れず，停止します．
〔8〕 運転用電磁接触器の主接点52Mが開くと，⑲回路の主バーナ電磁弁MV2に電流は流れず，主バーナ電磁弁MV2は復帰して，給油管の弁を閉じるので，主バーナは断火します．
〔9〕 運転用電磁接触器の主接点52Mが開くと，⑱回路の赤色ランプRL_3に電流は流れず，消灯します．
〔10〕 主バーナが断火すると，④回路の炎検知器が炎を検知しません．
〔11〕 炎検知器が炎を検知しないと，④回路のフレームアイFeが復帰します．
〔12〕 フレームアイFeが復帰すると，⑬回路のブレーク接点Fe-b1が閉じます．
〔13〕 運転用電磁接触器の主接点52Mが開くと，⑪回路のプリパージタイマ2Pが消勢します．
〔14〕 プリパージタイマ2Pが消勢すると復帰して，⑬回路の限時動作瞬時復帰メーク接点2P-mが開きます．
〔15〕 運転用電磁接触器の主接点52Mが開くと，⑫回路の着火装置タイマ2Sが消勢します．
〔16〕 着火装置タイマ2Sが消勢すると復帰して，⑮回路の限時動作瞬時復帰ブレーク接点2S-bが閉じます．

これでボイラは停止します

ボイラの停止のシーケンス動作図

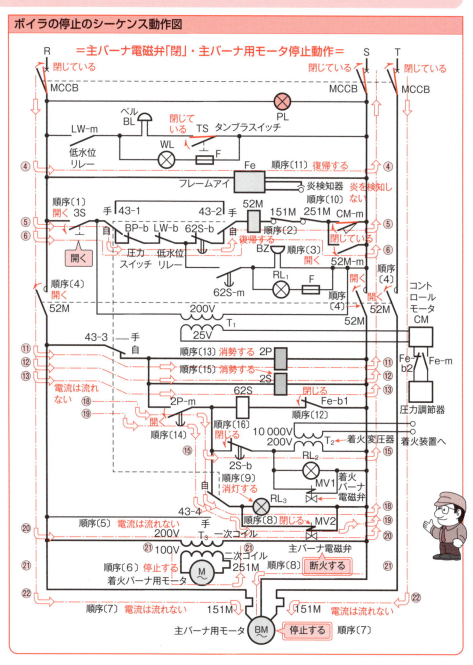

9-3 ファンコイルユニットの運転制御

❶ ファンコイルユニットの配線図とシーケンス動作

●ファンコイルユニットの実際配線図〔例〕　　　　　　　　　●シーケンス図●

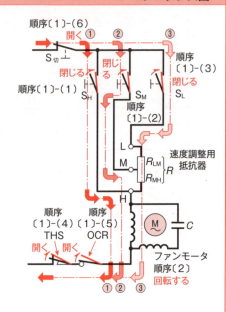

●ファンコイルユニットの運転のシーケンス動作順序●

1. ファンモータの「高速運転(急暖・急冷)」の動作

順序〔1〕-（1）　①回路の高速度スイッチS_Hを押すと，閉じてロックします．

　　〔2〕　①回路のファンモータMには，速度調整用抵抗器Rを通らずに，直接電源電圧が印加されるので高速度で回転します．

2. ファンモータの「中速運転(普通の状態)」の動作

順序〔1〕-（2）　②回路の中速度スイッチS_Mを押すと，閉じてロックするとともに，連動して高速度スイッチS_Hを開きます．

　　〔2〕　②回路のファンモータMには，速度調整用抵抗器RのうちR_{MH}により電圧降下した電圧が印加されるので，中速度で回転します．

3. ファンモータの「低速運転(夜間就寝時)」の動作

順序〔1〕-（3）　③回路の低速度スイッチS_Lを押すと，閉じてロックするとともに，連動して中速度スイッチS_Mを開きます．

　　〔2〕　③回路のファンモータMには，速度調整用抵抗器R（$R_{LM}+R_{MH}$）により，電圧降下した電圧が印加されるので，低速度で回転します．

4. ファンモータの「停止」の動作

　　温度スイッチTHSが働くか（順序〔1〕-（4）），過電流リレーOCRが動作するか（順序〔1〕-（5）），あるいは停止スイッチ$S_切$を押すと（順序〔1〕-（6）），制御電源母線が開路して，ファンモータMは停止します．

第10章

エレベータ設備の
シーケンス制御

この章のポイント

　この章では，エレベータ設備のシーケンス制御について，実際の制御回路例をもとに，調べてみることにいたしましょう．

（1） エレベータの制御に用いられる制御機器，とくにスイッチ類の実際配置図例を示しておきましたので，シーケンス図を読むのに，どうしても必要ですから，まず頭に入れておいてください．

（2） エレベータのシーケンス制御は，複雑ですが，「記憶制御回路」「方向選択制御回路」「表示灯制御回路」「ドア開閉制御回路」「運行指示制御回路」「始動制御回路」「停止準備制御回路」「停止制御回路」「呼び打消制御回路」などについて，一つ一つ順を追って詳細に説明しておきましたので，終わりまで，ぜひ読みこなしてください．

　（注）　この章で示したエレベータ設備のシーケンス制御回路図は，あくまでも動作を理解していただくものですので，この回路図をもとに実際に作成しないでください．

10-1　エレベータの記憶制御回路

1 エレベータの記憶制御回路のシーケンス動作

記憶制御回路とは

❖ **記憶制御回路**とは，各階の上昇および下降の乗場呼びボタンスイッチあるいは，かご内の行先指示ボタンスイッチが押されたことを，すべて記憶するとともに，停止した階の記憶を打ち消していく回路（187ページ参照）をいいます。

❖ 記憶制御回路は，エレベータの位置や上昇，下降の運行方向に関係なく，いつどこのボタンスイッチを押しても，すぐに記憶します。

記憶制御回路のシーケンス動作順序　　　　　　　　　　　　　●動作〈1〉

❖ エレベータ（かご室）が，1階でドアを開いて待機しているとき，3階の乗場で上昇の呼びボタンスイッチを押したとしましょう（次ページの動作図参照）．

順序〔1〕　客が⑨回路の3階乗場上り呼びボタンスイッチF3を押します．

〔2〕　呼びボタンスイッチF3を押すと，⑨回路の3階乗場の上り呼びリレーU3の動作コイルに電流が流れ，リレーU3は動作します．

〔3〕　リレーU3が動作すると，⑩回路の自己保持メーク接点U3-mが閉じ，自己保持します．

〔4〕　客が3階乗場上り呼びボタンスイッチF3の押す手を離しても，リレーU3は⑩回路で自己保持しているので，動作し続けます．

❖ 次に，他の客が4階の乗場で下降の呼びボタンスイッチを押したとしましょう．

〔5〕　⑮回路の4階乗場下り呼びボタンスイッチF4を押します．

〔6〕　呼びボタンスイッチF4を押すと，⑮回路の4階乗場の下り呼びリレーD4の動作コイルに電流が流れ，リレーD4は動作します．

〔7〕　リレーD4が動作すると，⑯回路の自己保持メーク接点D4-mが閉じ，自己保持します．

〔8〕　客が4階乗場下り呼びボタンスイッチF4の押す手を離しても，リレーD4は⑯回路で，自己保持しているので，動作し続けます．

記憶制御回路のシーケンス動作図〔例〕　●動作〈1〉

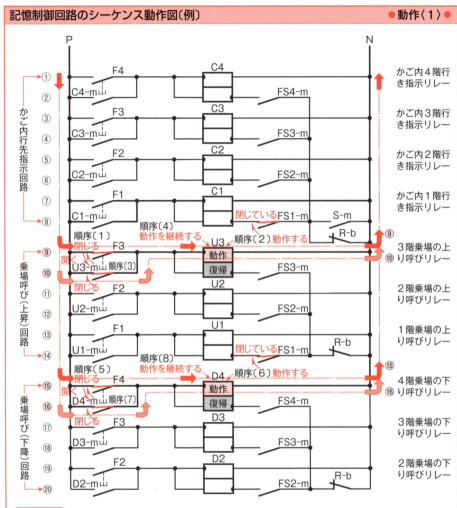

文字記号

- C4 ：かご内4階行き指示リレー
- ～
- C1 ：かご内1階行き指示リレー
  （保持形リレー）
- U3 ：3階乗場の上り呼びリレー
- ～
- U1 ：1階乗場の上り呼びリレー
  （保持形リレー）
- D4 ：4階乗場の下り呼びリレー
- ～
- D2 ：2階乗場の下り呼びリレー
  （保持形リレー）
- FS4 ：4階位置リレー
- ～
- FS1 ：1階位置リレー
- F4 ：4階乗場呼びボタンスイッチ
- ～
- F1 ：1階乗場呼びボタンスイッチ
- R ：走行リレー
- S ：停止決定リレー

10-2　エレベータの方向選択制御回路

❶ エレベータの方向選択制御回路のシーケンス動作

方向選択制御回路とは

❖**方向選択制御回路**とは、記憶制御回路に記憶されている各階乗場の上昇、下降の呼び信号と、かご室内の行先指示信号のなかから、エレベータ(かご室)の位置と比較しながら、上昇、下降のいずれかに決定する回路をいいます。

方向選択制御回路のシーケンス動作順序　　　　　　　　　　●動作〈2〉

❖記憶制御回路には、「3階の上昇呼び」と「4階の下降呼び」が記憶されております。

順序〔1〕　エレベータ(かご室)が1階におりますので、1階位置スイッチ FS1 が動作し、④回路のメーク接点 FS1-m が閉じます。

〔2〕　1階位置スイッチのメーク接点 FS1-m が閉じると、④回路の1階位置リレーのコイル FS1 ▭ に電流が流れ、1階位置リレー FS1 は動作します。

〔3〕　1階位置リレー FS1 が動作すると㉓回路のブレーク接点 FS1-b が開きます。

〔4〕　記憶制御回路(166ページの動作〈1〉)の順序〔2〕で、3階乗場の上り呼びリレー U3 が動作しておりますから、⑧回路のメーク接点 U3-m が閉じます。

〔5〕　3階乗場の上り呼びリレーのメーク接点 U3-m が閉じると、⑧回路(U3-m → FS4-b → D1-b → U1 ▭)の上り方向リレーのコイル U1 ▭ に電流が流れ、上り方向リレー U1 が動作して、"上り方向"が決定されます。

〔6〕　上り方向リレー U1 が動作すると、⑰回路のブレーク接点 U1-b が開き、下り方向リレー D1 をインタロックします。

〔7〕　上り方向リレー U1 が動作すると、㉕回路のメーク接点 U1-m が閉じます。

〔8〕　記憶制御回路(166ページの動作〈1〉)の順序〔6〕で、4階乗場の下り呼びリレー D4 が動作しておりますから、⑦回路のメーク接点 D4-m が閉じます。

〔9〕　4階乗場の下り呼びリレーのメーク接点 D4-m が閉じても、⑦回路(D4-m → FS3-b → FS2-b → FS1-b → U1-b → D1 ▭)で、ブレーク接点 FS1-b、ブレーク接点 U1-b が開いているので下り方向リレー D1 は動作しません。

エレベータ設備のしくみ

❖エレベータ設備の実際の構造および記憶制御回路、方向選択制御回路など各制御回路の関連を示すエレベータ設備全体の制御系統のしくみについては、20、21ページおよび190ページを参照してください。

❖なお、実際のエレベータは、待ち時間を短くするために、数台のエレベータを適切に運行管理する群管理制御システムが用いられております。

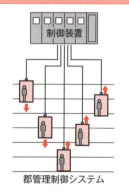

群管理制御システム

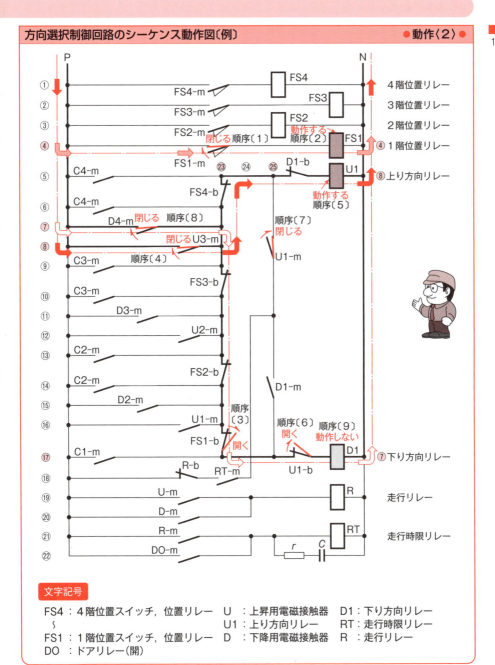

方向選択制御回路のシーケンス動作図〔例〕 ●動作〈2〉

10-3　エレベータの表示灯制御回路〔Ⅰ〕

１　エレベータの表示灯制御回路〔Ⅰ〕のシーケンス動作

表示灯制御回路とは

※ **表示灯制御回路**とは，各階乗場およびかご室のなかでエレベータの運行状況を知らせるインジケータおよび乗場呼びボタンスイッチ内蔵の応答ランプの回路をいいます．

表示灯制御回路〔Ⅰ〕のシーケンス動作順序　　　　　　　　　　　●動作〈３〉●

- 166ページの動作〈１〉と168ページの動作〈２〉を見ながら，下記の動作順序を読んでください．

〈乗場表示灯回路〉………次ページの乗場表示灯回路のシーケンス動作図〔A〕をご覧ください．

順序〔１〕　記憶制御回路（166ページの動作〈１〉）の順序〔２〕で３階乗場の上り呼びリレーU3が動作しておりますので，⑭回路のメーク接点 U3-m が閉じます．

〔２〕　３階乗場の上り呼びリレーのメーク接点 U3-m が閉じると，⑭回路の３階乗場の上り呼びボタンスイッチに内蔵している応答ランプ U3L ▲が点灯し，客に記憶したことを知らせます．

〔３〕　記憶制御回路（166ページの動作〈１〉）の順序〔６〕で，４階乗場の下り呼びリレーD4が動作しておりますので，⑬回路のメーク接点 D4-m が閉じます．

〔４〕　４階乗場の下り呼びリレーのメーク接点 D4-m が閉じると，⑬回路の４階乗場の下り呼びボタンスイッチに内蔵している応答ランプ D4L ▼が点灯し，客に記憶したことを知らせます．

〔５〕　方向選択制御回路（168ページの動作〈２〉）の順序〔２〕で，１階位置リレーFS1が動作しておりますので，⑤回路のメーク接点 FS1-m が閉じます．

〔６〕　１階位置リレーのメーク接点 FS1-m が閉じると，⑤，⑪回路の各階乗場のインジケータ表示灯１✖が点灯し，エレベータ（かご室）が１階にいることを表示します．

〔７〕　方向選択制御回路（168ページの動作〈２〉）の順序〔５〕で，上り方向リレーU1が動作しておりますから，①回路のメーク接点 U1-m が閉じます．

〔８〕　上り方向リレーのメーク接点 U1-m が閉じると，各階乗場のインジケータの方向表示灯▲が点灯し，かご室が上昇することを表示します．

〈かご内表示灯回路〉……次ページのかご内表示灯回路のシーケンス動作図〔B〕をご覧ください．

〔９〕　１階位置リレーFS1が動作（168ページの動作〈２〉の順序〔２〕）しておりますので，④回路のメーク接点 FS1-m が閉じます．

〔10〕　１階位置リレーのメーク接点 FS1-m が閉じると，④回路のかご内のインジケータ表示灯１✖が点灯し，かご室が１階にいることを表示します．

〔11〕　上り方向リレーU1が動作（168ページの動作〈２〉の順序〔５〕）しておりますので，⑤回路のメーク接点 U1-m が閉じます．

〔12〕　上り方向リレーのメーク接点 U1-m が閉じると，かご内のインジケータの方向表示灯 U1L ▲が点灯し，かご室が上昇することを表示します．

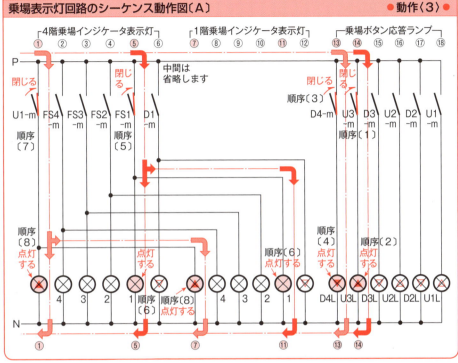

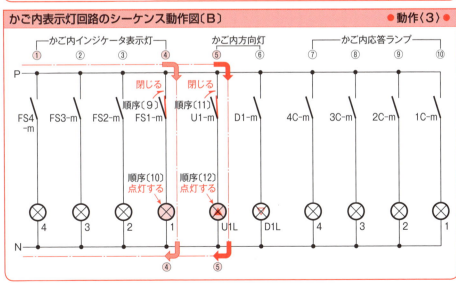

10-4 エレベータのドア開閉制御回路(ドア閉)

❶ エレベータのドア開閉制御回路(ドア「閉」)のシーケンス動作

ドア開閉制御回路とは

❖**ドア開閉制御回路**とは，エレベータ(かご室)が着床すると，自動的にドアを開き，一定時間が経過すると，ドアが閉じる操作を制御する回路をいいます．

ドア開閉制御回路(ドア「閉」)のシーケンス動作順序　　　　　　　●動作〈4〉●

❖方向選択制御回路により，「上り方向」の決定がなされると，ドアモータが駆動して，ドアを自動的に閉じます．

順序〔1〕　方向選択制御回路(168ページの動作〈2〉)の順序〔5〕で，上り方向リレーU1が動作しておりますから，②回路のメーク接点U1-mが閉じます．

〔2〕　上り方向リレーのメーク接点U1-mが閉じると，③回路の管制リレーのコイルK■に電流が流れ，管制リレーKが動作します．

〔3〕　リレーKが動作すると，③回路の自己保持接点K-mが閉じ，自己保持します．

〔4〕　管制リレーKが動作すると，④回路のメーク接点K-mが閉じます．

〔5〕　管制リレーのメーク接点K-mが閉じると，④回路のドア管制リレーDKのコイルDK■に電流が流れ，ドア管制リレーDKが動作します．

〔6〕　ドア管制リレーDKが動作すると，⑤回路の自己保持メーク接点DK-mが閉じ，ドア管制リレーDKを自己保持します．

〔7〕　ドア管制リレーDKが動作すると，⑥回路のブレーク接点DK-bが開き，ドアリレー(開)DOをインタロックします．

〔8〕　ドア管制リレーDKが動作すると，⑦回路のメーク接点DK-mが閉じます．

〔9〕　ドア管制リレーのメーク接点DK-mが閉じると，⑦回路のドアリレー(閉)DCのコイルDC■に電流が流れ，ドアリレー(閉)DCが動作します．

〔10〕　ドアリレー(閉)DCが動作すると，⑥回路のブレーク接点DC-bを開き，ドアリレー(開)DOをインタロックします．

〔11〕　ドアリレー(閉)DCが動作すると，⑪回路の主ブレーク接点DC-bを開き，ドアブレーキ抵抗器DBRを切り離します．

〔12〕　ドアリレーDCが動作すると，⑧，⑨回路の主メーク接点DC-mを閉じます．

〔13〕　主メーク接点DC-mが閉じると，⑨回路(P側DC-m→ドアモータ→DC-m N側)に電流が流れ，ドアモータMは正方向に回転し，ドアを閉めます．

〔14〕　ドアが閉まると，かご室の上にある⑦回路のドアリミットスイッチ(閉)CLが動作し，ブレーク接点CL-bを開きます．

〔15〕　ドアが閉まると，かご室の上にある⑥回路のドアリミットスイッチ(開)OLが動作し，メーク接点OL-mを閉じます．

〔16〕　ブレーク接点CL-bが開くと，⑦回路のドアリレー(閉)DCが復帰します．

〔17〕　ドアリレー(閉)DCが復帰すると，⑧，⑨回路の主メーク接点DC-mが開き，ドアモータの電源を切ります．

〔18〕　ドアリレーDCが復帰すると，⑪回路の主ブレーク接点DC-bが閉じます．

〔19〕　主ブレーク接点DC-bが閉じると，ドアモータの端子間にドアブレーキ抵抗器DBRが接続され，発電制動がかかり，ドアをゆるやかに閉めます．

10-4 ドア開閉制御回路（ドア「閉」）のシーケンス動作図　●動作〈4〉

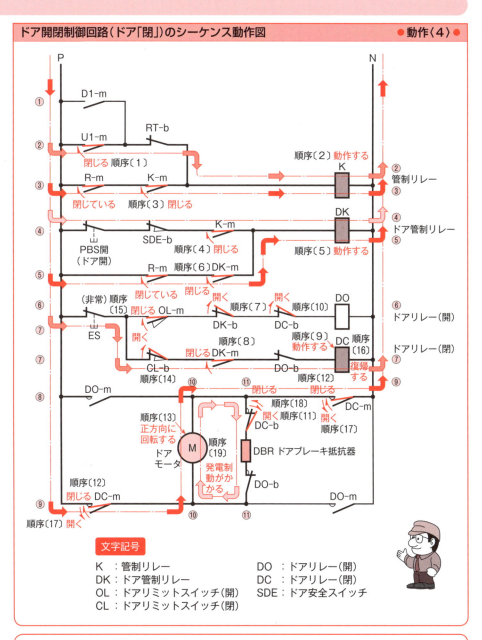

※ドアの開閉については、182ページのかご室ドア機構例参照．

10-5　エレベータの運行指示制御回路

❶ エレベータの運行指示制御回路のシーケンス動作

運行指示制御回路とは

❖ **運行指示制御回路**とは，方向選択制御回路で決定した信号とエレベータ（かご室）が着床したことを示す着床信号によって，上昇，下降，停止の指示を行う回路をいいます．

運行指示制御回路のシーケンス動作順序　　　　　　　　　　　●動作〈5〉

❖ 方向選択制御回路（168 ページの動作〈2〉の順序〔5〕）で，「上り方向」が決定し，ドアの閉まり方など，すべての安全を確認すると，上昇用電磁接触器が動作して，始動制御回路へ「始動」の信号を送ります．

順序〔1〕　ドア開閉制御回路（172 ページの動作〈4〉の順序〔13〕）で，かご室のドアが閉まると，かご戸締りスイッチ GS が動作して，⑤回路のメーク接点 GS-m が閉じます．

〔2〕　かご戸締りスイッチのメーク接点 GS-m が閉じると，⑤回路のかご戸締りリレーのコイル GS ▢ に電流が流れ，かご戸締りリレー GS が動作します．

〔3〕　かご戸締りリレー GS が動作すると，①回路のメーク接点 GS-m が閉じます．

〔4〕　1 階乗場のドアが閉まると，⑥回路の 1 階乗場戸締りスイッチのブレーク接点 DS1-b が閉じます．

〔5〕　1 階乗場戸締りスイッチのブレーク接点 DS1-b が閉じると，⑥回路の乗場戸締りリレーのコイル DS ▢ に電流が流れ，乗場戸締りリレー DS が動作します．

〔6〕　乗場戸締りリレー DS が動作すると，①回路のメーク接点 DS-m が閉じます．

〔7〕　乗場戸締りリレーのメーク接点 DS-m が閉じると，①回路の安全確認リレーのコイル SC ▢ に電流が流れ，安全確認リレー SC が動作します．

●安全確認リレー SC が動作する条件は，かご内非常停止ボタン ES「閉」，上り行過ぎ制限スイッチ UOL-b「閉」，下り行過ぎ制限スイッチ DOL-b「閉」，速度制限スイッチ GOV-b「閉」，過電流リレー OCR「閉」，乗場戸締りリレー DS-m「閉」，かご戸締りリレー GS-m「閉」であることが必要です．

〔8〕　安全確認リレー SC が動作すると，②回路のメーク接点 SC-m が閉じます．

〔9〕　安全確認リレーのメーク接点 SC-m が閉じると，②回路の上昇用電磁接触器のコイル U ▢ に電流が流れ，上昇用電磁接触器 U が動作し，「上昇」の運行指示信号を始動制御回路（177 ページの動作〈7〉）に送ります．

〔10〕　上昇用電磁接触器 U が動作すると，③回路の自己保持メーク接点 U-m が閉じ，自己保持します．

〔11〕　上昇用電磁接触器 U が動作すると，④回路のブレーク接点 U-b が開き，下降用電磁接触器 D をインタロックします．

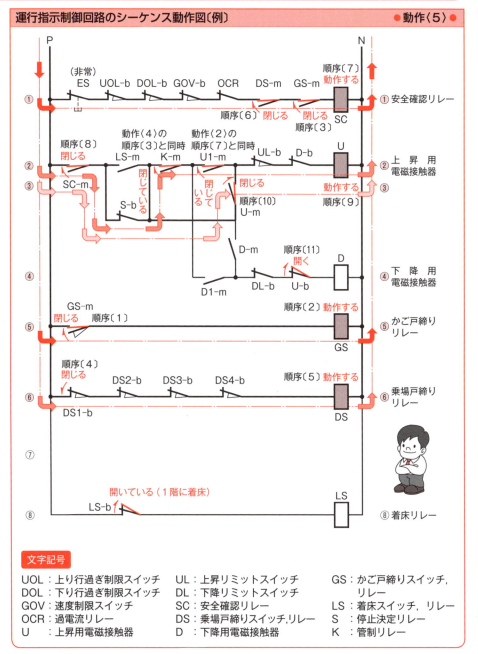

10-6　エレベータの始動制御回路（主回路）

❶ エレベータの始動制御回路（主回路）のシーケンス動作

始動制御回路（主回路）とは

※ **始動制御回路**とは，運行指示制御回路からの上昇，下降の運行指示信号により，巻上電動機の運転用電磁接触器を動作して，巻上電動機を始動する回路をいいます。

※ 巻上電動機の主回路は，高速電動機と低速電動機による2段速度になっており，巻上電動機の始動を円滑に行うため，二次抵抗制御方式がとられております。

巻上電動機主回路のシーケンス動作図〔例〕　　●動作〈6〉●

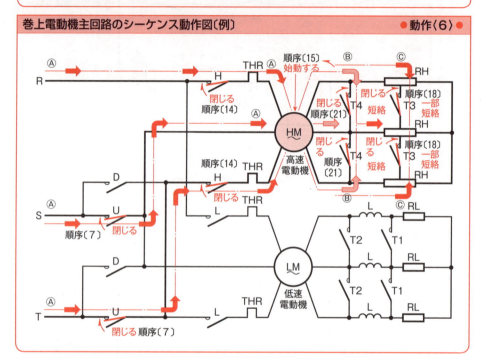

主回路・始動制御回路のシーケンス動作順序〔1〕　　●動作〈6〉・〈7〉●

※ 運行指示制御回路（174ページの動作〈5〉の順序〔9〕）から「上昇」の運行指示信号が与えられ，高速電動機 HM が始動して，エレベータ（かご室）は上方に運転されます。

● 176ページの動作〈6〉図と，179ページの動作〈7〉図を見ながら下記の動作順序を読んでください。

順序〔1〕　運行指示制御回路（174ページの動作〈5〉）の順序〔2〕で，かご戸締りリレーGS が動作しておりますから，②回路（179ページの動作〈7〉図）のかご戸締りリレーのメーク接点 GS-m が閉じます。

　　〔2〕　運行指示制御回路（174ページの動作〈5〉）の順序〔7〕で，安全確認リレーSC が動作しておりますから，①回路（179ページの動作〈7〉図）の安全確認リレーのメーク接点 SC-m が閉じます。

主回路・始動制御回路のシーケンス動作順序〔2〕　　●動作〈6〉・〈7〉

〔3〕　かご戸締りリレーのメーク接点GS-mが閉じ, 安全確認リレーのメーク接点SC-mが閉じると, ③回路(179ページの動作〈7〉図)の速度切換リレーのコイルSS ▢ に電流が流れ, 速度切換リレーSSが動作します.

●速度切換リレーSSが動作すると, 次の順序〔4〕,〔5〕,〔6〕の動作が, 同時に行われます(179ページの動作〈7〉図).

〔4〕　速度切換リレーSSが動作すると, ②回路のメーク接点SS-mが閉じます.

〔5〕　速度切換リレーSSが動作すると, ①回路のブレーク接点SS-bが開き, 低速電動機用電磁接触器Lをインタロックします.

〔6〕　速度切換リレーSSが動作すると, ⑨回路のブレーク接点SS-bが開きます.

〔7〕　運行指示制御回路(174ページの動作〈5〉)の順序〔9〕で, 上昇用電磁接触器Uが動作しておりますので, 主回路(Ⓐ回路)(176ページの動作〈6〉図)の主接点Uが閉じます.

●上昇用電磁接触器Uが動作すると, 次の順序〔8〕,〔9〕,〔10〕の動作が, 同時に行われます.

〔8〕　上昇用電磁接触器Uが動作すると, ⑥回路のブレーク接点U-bが開きます(179ページの動作〈7〉図:順序〔8〕,〔9〕,〔10〕,〔11〕,〔12〕,〔13〕,〔16〕).

〔9〕　上昇用電磁接触器Uが動作すると, ⑬回路のメーク接点U-mが閉じます.

〔10〕　上昇用電磁接触器Uが動作すると, ②回路のメーク接点U-mが閉じます.

〔11〕　上昇用電磁接触器のメーク接点U-mが閉じると, ②回路の高速電動機用電磁接触器のコイルH ▢ に電流が流れ, 高速電動機用電磁接触器Hが動作します.

●高速電動機用電磁接触器Hが動作すると, 次の順序〔12〕,〔14〕,〔16〕の動作が, 同時に行われます.

〔12〕　高速電動機用電磁接触器Hが動作すると, ⑬回路のメーク接点H-mが閉じます.

〔13〕　高速電動機用電磁接触器のメーク接点H-mが閉じると, ⑬回路のブレーキ用電磁接触器のコイルB ▢ に電流が流れ, ブレーキ用電磁接触器Bが動作します.

●ブレーキ用電磁接触器Bが動作すると, 電磁ブレーキは開放します.

〔14〕　高速電動機用電磁接触器Hが動作すると, 主回路(Ⓐ回路)(176ページの動作〈6〉図)の主接点Hが閉じます.

〔15〕　主回路(Ⓐ回路)(176ページの動作〈6〉図)の主接点Hが閉じると, 高速電動機HMが始動し, エレベータ(かご室)は上昇を始めます.

〔16〕　高速電動機用電磁接触器Hが動作すると, ⑧回路(179ページの動作〈7〉図)のブレーク接点H-bが開きます.

❶ エレベータの始動制御回路（主回路）のシーケンス動作（つづき）

主回路・始動制御回路のシーケンス動作順序〔3〕　　　●動作〈6〉・〈7〉●

〈高速電動機の二次抵抗制御〉

順序〔17〕 高速電動機用電磁接触器のブレーク接点 H-b が開くと，⑧回路（179ページの動作〈7〉図）のタイマ TLR-3（瞬時動作限時復帰タイマ）が復帰します．

〔18〕 タイマ TLR-3 は復帰後，設定時限を経過すると，瞬時動作限時復帰接点により，短絡用電磁接触器 T3（回路図には，図示していない）を動作させ，主回路（ⓒ回路）（176ページの動作〈6〉図）の短絡用電磁接触器の主接点 T3 を閉じ，二次抵抗 RH の一部を短絡します．

〔19〕 タイマ TLR-3 は復帰後設定時限が経過すると，⑪回路（179ページの動作〈7〉図）のタイマの瞬時動作限時復帰メーク接点 TLR-3m が開きます．

〔20〕 タイマの瞬時動作限時復帰メーク接点 TLR-3m が開くと，⑪回路（179ページの動作〈7〉図）のタイマ TLR-4（瞬時動作限時復帰タイマ）が復帰します．

〔21〕 タイマ TLR-4 は復帰後，設定時限を経過すると，瞬時動作限時復帰接点により，短絡用電磁接触器 T4（回路図には，図示していない）を動作させ，主回路（ⓑ回路）（176ページの動作〈6〉図）の短絡用電磁接触器の主接点 T4 を閉じ，高速電動機 HM の二次抵抗 RH を短絡し，始動を完了します．

● 始動時には，低速電動機 LM は関係ありません．

エレベータの歯車付巻上機の構造例

（図：ロープ車，直交速度調整装置，電磁ブレーキ，電動機，油面計，歯車箱，ウォーム歯車，ウォーム軸（ニッケルクロム鋼），アンギュラコンタクト玉軸受）

ブレーキの構造〔例〕

（図：ブレーキプランジャ，ブレーキカバー，ブレーキマグネット，スタッド，目盛板，ブレーキばね，調整ボルト，ブレーキ腕，ブレーキシュー，球面座，ブレーキライニング，グリースカップ，ブレーキホイル，ブレーキレバー）

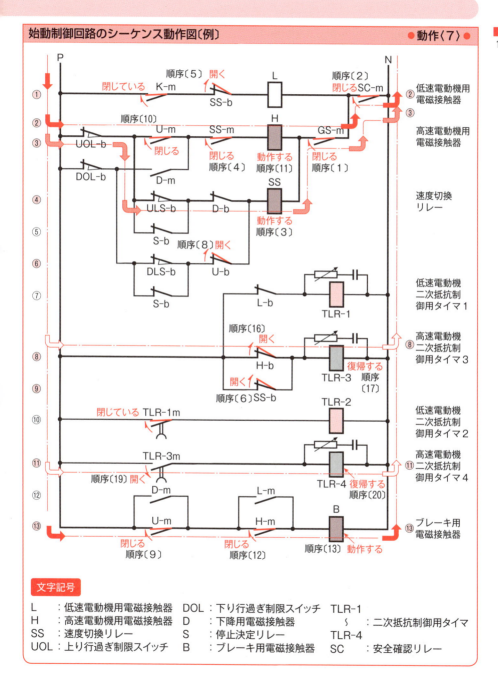

10-7　エレベータの表示灯制御回路〔Ⅱ〕

1　エレベータの表示灯制御回路〔Ⅱ〕のシーケンス動作

表示灯制御回路〔Ⅱ〕のシーケンス動作順序　　　　　●動作〈8〉●

※エレベータが上昇すると，1階のかご室および乗場のインジケータ表示灯が消灯し，エレベータが3階に着くと，3階表示灯が点灯します．

- 169ページの動作〈2〉図と181ページの動作〈8〉図を見ながら，下記の動作順序を読んでください．

順序〔1〕　エレベータ（かご室）が上昇すると，1階位置スイッチ FS1 がカムから外れることにより，方向選択制御回路（169ページの動作〈2〉図）の④回路の1階位置スイッチのメーク接点 FS1-m が開きます．

〔2〕　1階位置スイッチのメーク接点 FS1-m が開くと，④回路（169ページの動作〈2〉図）の1階位置リレー FS1 が復帰します．

- 1階位置リレー FS1 が復帰すると，次の順序〔3〕，〔5〕の動作が同時に行われます．

〔3〕　1階位置リレー FS1 が復帰すると，かご内インジケータ表示灯回路（181ページの動作〈8〉図〔C〕）の④回路のメーク接点 FS1-m が開きます．

〔4〕　1階位置リレーのメーク接点 FS1-m が開くと，同上④回路のかご内インジケータの1階表示灯1⊗が消灯します．

〔5〕　1階位置リレー FS1 が復帰すると，乗場インジケータ表示灯回路（181ページの動作〈8〉図〔D〕）の⑤回路のメーク接点 FS1-m が開きます．

〔6〕　1階位置リレーのメーク接点 FS1-m が開くと，同上⑤，⑪回路の各階乗場インジケータ表示灯1⊗が消灯し，エレベータ（かご室）が1階を離れたことを表示します．

〔7〕　エレベータ（かご室）が，さらに上昇して目的の3階に近づくと，カムが3階位置スイッチ FS3 を動作させ，方向選択制御回路（169ページの動作〈2〉図）の②回路のメーク接点 FS3-m が閉じます．

〔8〕　3階位置スイッチのメーク接点 FS3-m が閉じると，方向選択制御回路（169ページの動作〈2〉図）の②回路の3階位置リレー FS3 が動作します．

〔9〕　3階位置リレー FS3 が動作すると，かご内インジケータ表示灯回路（181ページの動作〈8〉図〔C〕）の②回路のメーク接点 FS3-m が閉じます．

〔10〕　3階位置リレーのメーク接点 FS3-m が閉じると，かご内インジケータ表示灯回路の②回路のかご内インジケータの3階表示灯3⊗が点灯します．

〔11〕　3階位置リレー FS3 が動作すると，乗場インジケータ表示灯回路（181ページの動作〈8〉図〔D〕）の③回路のメーク接点 FS3-m が閉じます．

〔12〕　3階位置リレーのメーク接点 FS3-m が閉じると，乗場インジケータ表示灯回路の③，⑨回路の各階乗場インジケータ表示灯3⊗が点灯し，エレベータ（かご室）が3階に着いたことを表示します．

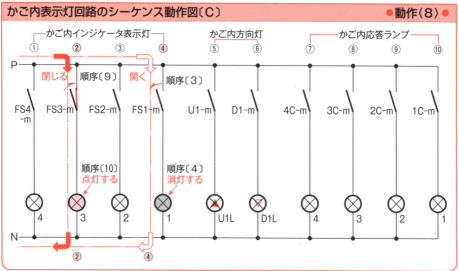

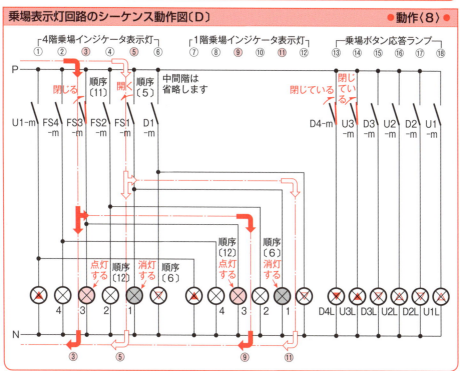

10-8 エレベータの停止準備制御回路

❶ エレベータの停止準備制御回路のシーケンス動作

停止準備制御回路とは

❖ 停止準備制御回路とは，エレベータ(かご室)が目的の階に近づくと，停止するかどうかを判断して，停止決定信号を停止制御回路に送る回路をいいます．

停止準備制御回路のシーケンス動作順序　　　　　　　　　　　　　● 動作〈9〉

順序〔1〕　記憶制御回路(166ページの動作〈1〉)の順序〔2〕で，3階乗場の上り呼びリレー U3 が動作しておりますから，⑤回路のメーク接点 U3-m が閉じます．

〔2〕　運行指示制御回路(174ページの動作〈5〉)の順序〔9〕で，上昇用電磁接触器 U が動作しておりますから，④回路のメーク接点 U-m が閉じます．

〔3〕　表示灯制御回路(180ページの動作〈8〉)の順序〔8〕で，3階位置リレー FS3 が動作しておりますから，⑤回路のメーク接点 FS3-m が閉じます．

〔4〕　3階位置リレーのメーク接点 FS3-m が閉じると，⑤回路から停止決定リレー（⑩回路）のコイル S ▨ に電流が流れ，停止決定リレー S が動作し，停止決定の信号を停止制御回路(184ページの10-9項)に送ります．

〔5〕　停止決定リレー S が動作すると，⑬回路の自己保持メーク接点 S-m が閉じ，自己保持します．

かご室ドア機構〔例〕

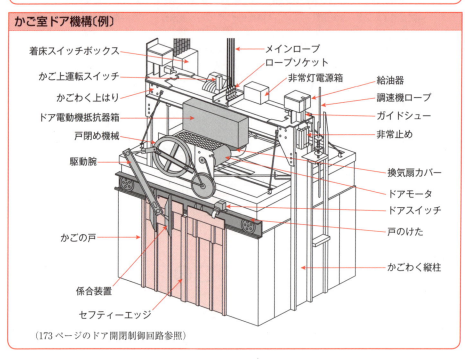

(173ページのドア開閉制御回路参照)

停止準備制御回路のシーケンス動作図〔例〕　●動作〈9〉

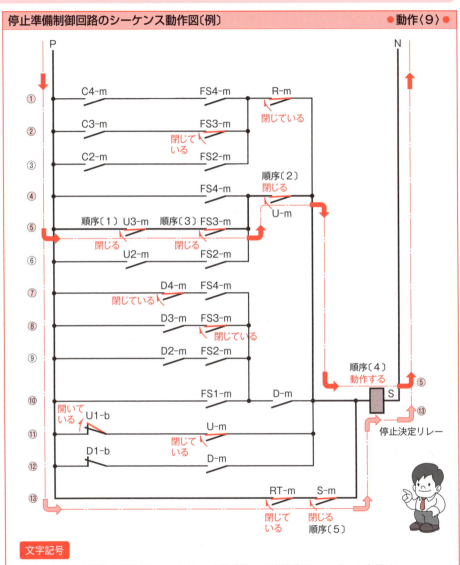

文字記号

- C4：かご内4階行き指示リレー
- 〜
- 2C：かご内2階行き指示リレー
- U3：3階乗場の上り呼びリレー
- U2：2階乗場の上り呼びリレー
- D4：4階乗場の下り呼びリレー
- 〜
- D2：2階乗場の下り呼びリレー
- FS4：4階位置リレー
- 〜
- FS1：1階位置リレー
- R：走行リレー
- U：上昇用電磁接触器
- D：下降用電磁接触器
- S：停止決定リレー
- RT：走行時限リレー

10-9　エレベータの停止制御回路(主回路)

① エレベータの停止制御回路(主回路)のシーケンス動作

停止制御回路(主回路)とは

※**停止制御回路**とは，停止すべき階に近づくと，停止準備制御回路からの停止決定信号により，巻上電動機を高速電動機から低速電動機に切り換えて，速度制御を加え，電磁ブレーキをかけて停止させる回路をいいます．

巻上電動機主回路のシーケンス動作図〔例〕　　　　●動作〈10〉

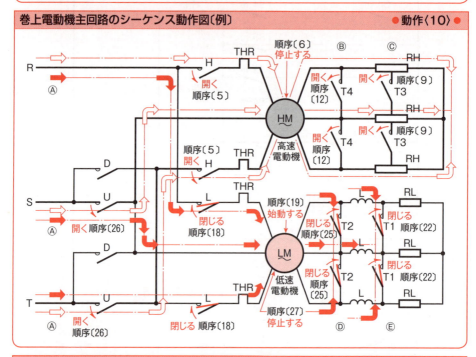

主回路・停止制御回路のシーケンス動作順序〔1〕　　　●動作〈10〉・〈11〉

- 184ページの動作〈10〉図と185ページの動作〈11〉図を見ながら，下記の動作順序を読んでください．

順序〔1〕　エレベータが3階に近づくと，カムが速度切換スイッチ(上昇) ULS を動作させ，④回路(185ページの動作〈11〉図)のブレーク接点 ULS-b が開きます．

　〔2〕　速度切換スイッチのブレーク接点 ULS-b が開くと，④回路の速度切換リレーのコイル SS ▢ に電流は流れず，速度切換リレー SS が復帰します．

- 速度切換リレー SS が復帰すると，次の順序〔3〕，〔7〕，〔15〕の動作が同時に行われます．

　〔3〕　速度切換リレー SS が復帰すると，②回路のメーク接点 SS-m が開きます．

　〔4〕　メーク接点 SS-m が開くと，②回路の高速電動機用電磁接触器のコイル H ▢ に電流は流れず，高速電動機用電磁接触器 H が復帰します．

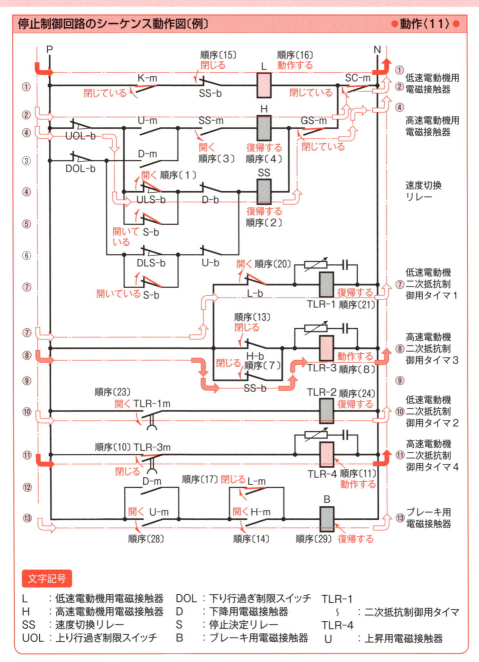

❶ エレベータの停止制御回路（主回路）のシーケンス動作（つづき）

主回路・停止制御回路のシーケンス動作順序〔2〕　　●動作〈10〉・〈11〉●

- 高速電動機用電磁接触器Hが復帰すると，次の順序〔5〕，〔13〕，〔14〕の動作が同時に行われます。

順序〔5〕　高速電動機用電磁接触器Hが復帰すると，主回路（Ⓐ回路）（184ページの動作〈10〉図）の主接点Hが開きます。

〔6〕　主回路の主接点Hが開くと，高速電動機HMが停止（無電圧）します。

〔7〕　速度切換リレーSSが復帰すると，⑨回路（185ページの動作〈11〉図）のブレーク接点SS-bが閉じます。

〔8〕　速度切換リレーのブレーク接点SS-bが閉じると，⑧回路のタイマTLR-3が動作（瞬時動作限時復帰）します。

〔9〕　⑧回路のタイマTLR-3が動作すると，主回路（Ⓒ回路）（184ページの動作〈10〉図）の短絡用電磁接触器の接点T3を開きます（タイマTLR-3と短絡用電磁接触器T3の動作回路は省略）。

〔10〕　タイマTLR-3が動作すると，⑪回路のメーク接点TLR-3mが閉じます。

〔11〕　接点TLR-3mが閉じると，⑪回路のタイマTLR-4が動作（瞬時動作）します。

〔12〕　タイマTLR-4が動作すると，主回路（Ⓑ回路）（184ページの動作〈10〉図）の短絡用電磁接触器の接点T4を開き高速電動機HMに対し二次抵抗による制動作用が働きます（タイマTLR-4と短絡用電磁接触器T4の動作回路は省略）。

〔13〕　高速電動機用電磁接触器Hが復帰（順序〔4〕）すると，⑧回路のブレーク接点H-bが閉じます。

〔14〕　電磁接触器Hが復帰すると，⑬回路のメーク接点H-mが開きます。

〔15〕　リレーSSが復帰（順序〔2〕）すると，①回路のブレーク接点SS-bが閉じます。

〔16〕　ブレーク接点SS-bが閉じると，①回路の低速電動機用電磁接触器のコイルL▢に電流が流れ，低速電動機用電磁接触器Lが動作します。

〔17〕　低速電動機用電磁接触器Lが動作すると，⑫回路のメーク接点L-mが閉じます。

〔18〕　電磁接触器Lが動作すると，主回路（Ⓐ回路）の主接点Lが閉じます。

〔19〕　低速電動機用電磁接触器の主接点Lが閉じると，低速電動機LMが始動し，高速電動機HMと切り換わります（184ページの動作〈10〉図）。

〔20〕～〔25〕低速電動機LMは，高速電動機HMの始動と同じ順序（177, 178ページの始動制御回路の順序〔16〕から〔21〕）でタイマTLR-1, TLR-2の順に限時復帰し抵抗RLおよびリアクトルLを短絡して，二次抵抗制御が行われます。

〔26〕　低速電動機LMで，さらにかご室が上昇すると，カムが着床スイッチLSを開き，停止決定リレーSが182ページの動作〈9〉の順序〔4〕で動作しているので運行指示制御回路（175ページの動作〈5〉図）の②回路のブレーク接点S-bが開き，上昇用電磁接触器Uを復帰し，主回路（Ⓐ回路）の主接点Uを開きます。

〔27〕　主接点Uが開くと，低速電動機LMが停止（無電圧：慣性で回転）します。

〔28〕　上昇用電磁接触器Uが復帰すると，⑬回路のメーク接点U-mが開きます。

〔29〕　上昇用電磁接触器のメーク接点U-mが開くと，⑬回路のブレーキ用電磁接触器のコイルB▢に電流は流れず復帰し，電磁ブレーキはばねの力で，ブレーキシューがブレーキホイルを圧着して低速電動機の回転を止めます。

10-10　エレベータの呼び打消制御回路

❶ エレベータの呼び打消制御回路のシーケンス動作

呼び打消制御回路とは

❖**呼び打消制御回路**とは，エレベータ（かご室）が目的の階に着床すると，記憶制御回路の呼びリレーを復帰させて呼びの打ち消しを行う回路をいいます．

呼び打消制御回路のシーケンス動作図〔例〕　　　●動作〈12〉●

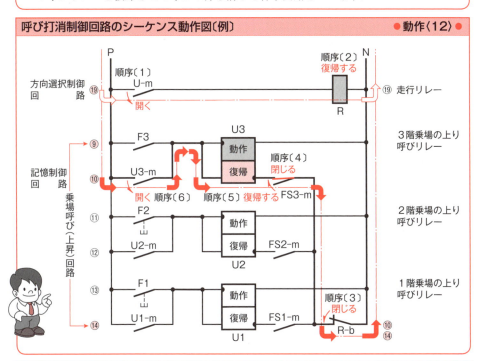

呼び打消制御回路のシーケンス動作順序　　　●動作〈12〉●

順序〔1〕　停止制御回路（186ページの動作〈11〉）の順序〔26〕で，上昇用電磁接触器Uが復帰しているので，方向選択制御回路の⑲回路のメーク接点U-mが開きます．

〔2〕　上昇用電磁接触器のメーク接点U-mが開くと，⑲回路（上図に転記）の走行リレーのコイルR に電流は流れず，走行リレーRが復帰します．

〔3〕　走行リレーRが復帰すると，⑭回路（上図）のブレーク接点R-bが閉じます．

〔4〕　表示灯制御回路（180ページの動作〈8〉）の順序〔8〕で，3階位置リレーFS3が動作しておりますから，⑩回路のメーク接点FS3-mが閉じます．

〔5〕　3階位置リレーのメーク接点FS3-mが閉じると，⑩回路の3階乗場の上り呼びリレーU3の復帰コイルに電流が流れ，3階乗場の上り呼びリレーU3が復帰し，3階乗場の上り呼び信号が打ち消されます．

〔6〕　3階乗場の上り呼びリレーU3が復帰すると，⑩回路の自己保持メーク接点U3-mが開き，自己保持を解きます．

187

10-11　エレベータのドア開閉制御回路（ドア「開」）

1　エレベータのドア開閉制御回路（ドア「開」）のシーケンス動作

ドア開閉制御回路（ドア「開」）の動作順序　　　　　　　●動作〈13〉●

※エレベータ（かご室）が3階に着床すると，自動的にドアが開きます．

順序〔1〕　呼び打消制御回路（187ページの動作〈12〉）の順序〔2〕で，走行リレーRが復帰しておりますから，③回路のメーク接点R-mが開きます．

〔2〕　走行リレーRのメーク接点R-mが開くと，③回路の管制リレーのコイルK▭に電流は流れず，管制リレーKが復帰します．

〔3〕　管制リレーKが復帰すると，③回路の自己保持メーク接点K-mが開き，自己保持を解きます．

〔4〕　走行リレーRが復帰しているので，⑤回路のメーク接点R-mが開きます．

〔5〕　管制リレーKが復帰すると，④回路のメーク接点K-mが開きます．

〔6〕　管制リレーのメーク接点K-mが開くと，④回路のドア管制リレーのコイルDK▭に電流は流れず，ドア管制リレーDKが復帰します．

〔7〕　ドア管制リレーDKが復帰すると，⑤回路の自己保持メーク接点DK-mが開き，自己保持を解きます．

〔8〕　ドア管制リレーDKが復帰すると，⑦回路のメーク接点DK-mが開きます．

〔9〕　ドア管制リレーDKが復帰すると，⑥回路のブレーク接点DK-bが閉じます．

〔10〕　ドア管制リレーのブレーク接点DK-bが閉じると，⑥回路のドアリレー（開）のコイルDO▭に電流が流れ，ドアリレー（開）DOが動作します．

〔11〕　ドアリレー（開）DOが動作すると，⑦回路のブレーク接点DO-bが開き，ドアリレー（閉）DCをインタロックします．

〔12〕　ドアリレーDOが動作すると，⑪回路のブレーク接点DO-bが開きます．

〔13〕　ドアリレーDOが動作すると，⑧，⑨回路の主メーク接点DO-mが閉じます．

〔14〕　主メーク接点DO-mが閉じると，⑧回路（P側DO-m→ドアモータ→DO-m　N側）に電流が流れ，ドアモータは逆方向に回転してドアを開きます．

ドアの構造　　　　　　　　　　　　　　　　　　　　　●エレベータ●

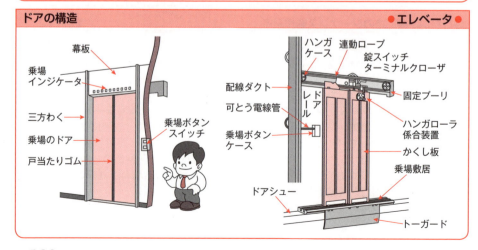

ドア開閉制御回路（ドア「開」）のシーケンス動作図　●動作〈13〉

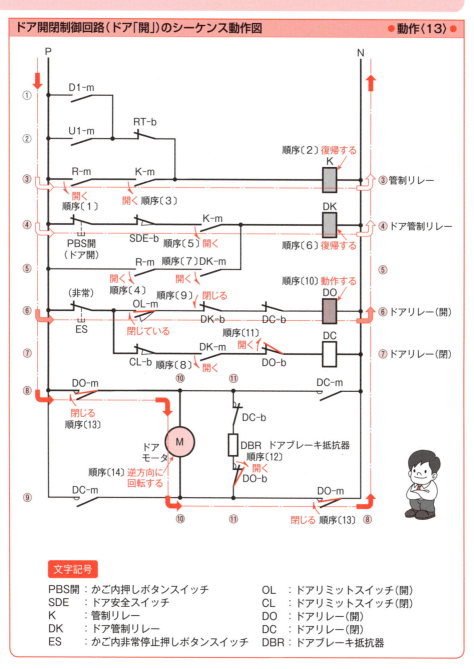

10-12　3階までのエレベータ設備

1 エレベータの構造とそのしくみ

3階までのエレベータの構造　　　●例●

※3階までのエレベータ設備の構造の例を示したのが下図です。

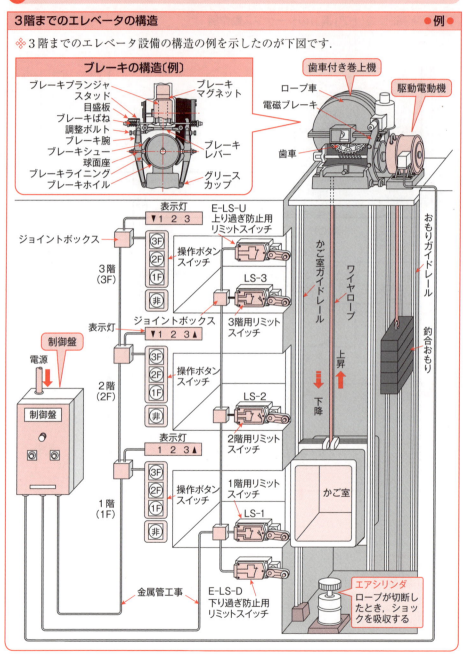

❷ 3階までのエレベータ設備のシーケンス動作

電源投入動作・かご室を1階に呼ぶ動作　　●例●

※配線用遮断器MCCBを投入し,非常停止復帰(始動)用ボタンスイッチRSTを押すと,制御回路に電源電圧が印加されます(順序〔1〕から順序〔7〕)。

●次ページを含むシーケンス動作図に示す動作順序の番号に従って読んでください。

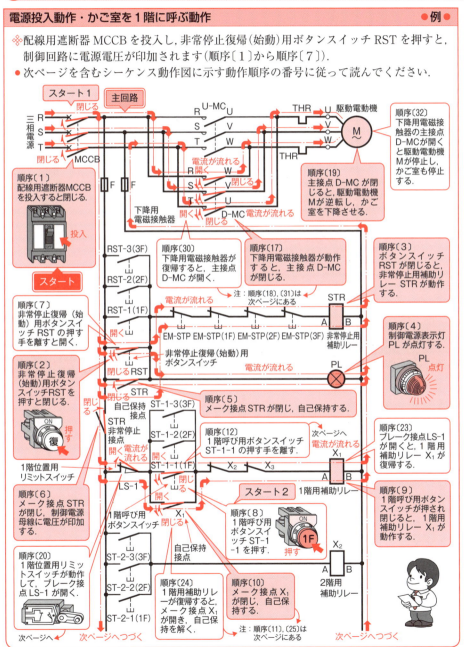

❷ 3階までのエレベータ設備のシーケンス動作（つづき）

かご室を1階に呼ぶ動作（つづき）　　　　　　　　　　　　　　例

※1階呼び用ボタンスイッチST-1-1を押すと，かご室が2階にあっても，また3階にあっても，1階にきて自動的に停止します（順序〔8〕から順序〔32〕）．
● 前ページを含むシーケンス動作図に示す動作順序の番号に従って読んでください．

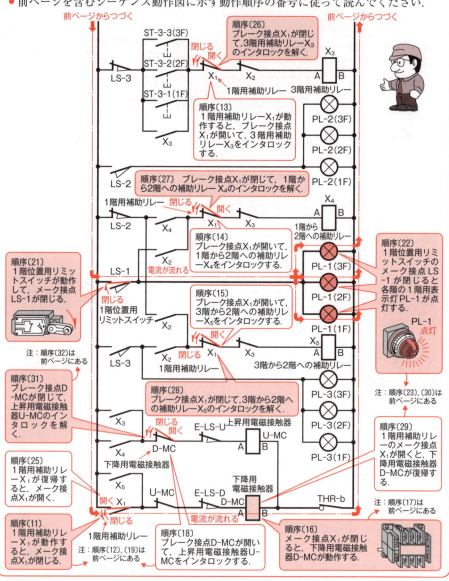

第11章

給排水設備の
シーケンス制御

この章のポイント

この章では，フロートレス液面リレーを用いた給水制御および排水制御について，その装置例をもとに，調べてみることにいたしましょう．

（1）給水槽の水位を，フロートレス液面リレーで検出し，自動的に電動ポンプを運転・停止して，常に一定の水量を貯水するようにした，「給水制御」の動作について，順を追って詳しく説明してあります．

（2）給水制御で，給水槽の水位が，異常に低下して，渇水状態になったときに警報を発して，自動的に電動ポンプを停止するようにした「異常渇水警報付き給水制御」について示しておきました．

（3）排水槽の水位を，フロートレス液面リレーで検出し，自動的に電動ポンプを運転・停止して，排水槽の水位をある水位以下に保つようにした，「排水制御」の動作を順序だって説明してあります．

（4）排水制御で，自動排水を行うとともに，排水槽の水位が，異常に上昇して，増水状態になったとき，警報を発する「異常増水警報付き排水制御」について示しておきました（フロート式液面スイッチを用いた自動揚水装置の制御については，「絵ときシーケンス制御読本（入門編）」をご覧ください）．

11-1　フロートレス液面リレーを用いた給水制御

❶ 給水制御の実際配線図とシーケンス図

フロートレス液面リレーを用いた給水制御回路の実際配線図

❖下図は，給水源から電動ポンプにより，水を給水槽にくみ上げるにあたって，給水槽の液面をフロートレス液面リレーを用いて，自動的に制御する給水制御設備の実際配線図の一例を示したものです．

フロートレス液面リレーを用いた給水制御回路の実際配線図〔例〕

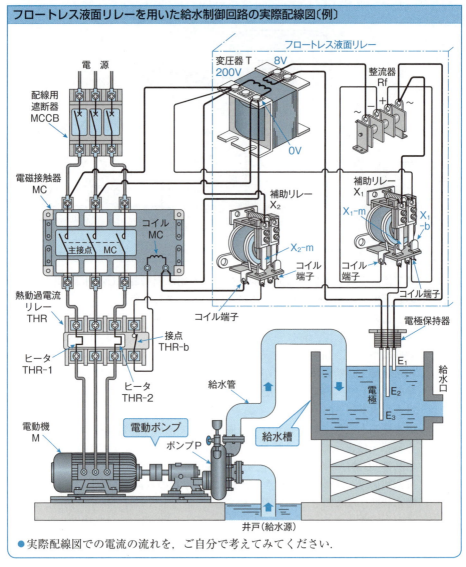

● 実際配線図での電流の流れを，ご自分で考えてみてください．

フロートレス液面リレーを用いた給水制御回路のシーケンス図

❖ 下図は，フロートレス液面リレーを用いた給水制御設備の実際配線図を，シーケンス図に書き換えたものです．

❖ フロートレス液面リレーの電極間に，交流 200V の電圧をそのまま印加すると危険ですので，変圧器により 8V に降圧しております．

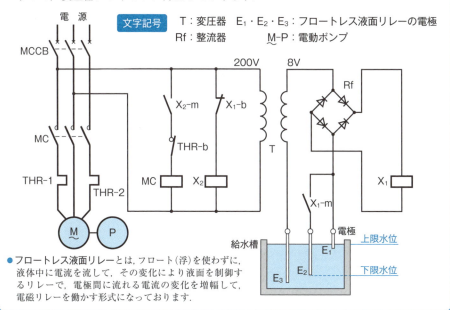

- フロートレス液面リレーとは，フロート（浮）を使わずに，液体中に電流を流して，その変化により液面を制御するリレーで，電極間に流れる電流の変化を増幅して，電磁リレーを働かす形式になっております．

給水槽水位と電動ポンプの始動・停止のしかた

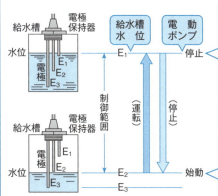

● 電動ポンプの停止 ●

❖ 電動ポンプの運転により給水されて給水槽の水位が上昇し，フロートレス液面リレーの電極 E_1 まで達すると，電極 E_1 と E_3 とが導通となり，電動ポンプは停止して，給水を止めます．

❖ 電動ポンプの停止は，給水槽の水位が電極 E_2 より下がるまで続きます．

● 電動ポンプの始動 ●

❖ 給水槽の水を使用することにより，水位がフロートレス液面リレーの電極 E_2 より下がると，電極 E_2（E_1）と E_3 との導通がなくなり，電動ポンプは始動して，給水槽に給水します．

❖ 電動ポンプの運転は，給水槽の水位が上昇し，電極 E_1 に達するまで続きます．

❷ 給水制御回路のシーケンス動作

電動ポンプの始動動作順序　　　　　　　　　　●給水槽へ給水する●

❖給水槽の水位が低下して，フロートレス液面リレーの電極 E_2 より下がると，電動ポンプは始動し，給水槽へ給水します．

順序〔1〕①回路の配線用遮断器 MCCB（電源スイッチ）を投入し閉じます．
　〔2〕給水槽の水位が，フロートレス液面リレーの電極 E_2 より下がると，電極 E_2 と E_3 との間に導通がなくなり開きますので，④回路に電流は流れません．
　〔3〕④回路に電流が流れないと，整流器 Rf の二次側である⑤回路のコイル X_1 ▭ にも電流は流れませんから，補助リレー X_1 は復帰します．
　〔4〕補助リレー X_1 が復帰すると，④回路のメーク接点 X_1-m が開きます．
　〔5〕補助リレー X_1 が復帰すると，③回路のブレーク接点 X_1-b が閉じます．
　〔6〕補助リレー X_1 のブレーク接点 X_1-b が閉じると，③回路のコイル X_2 ▭ に電流が流れ，補助リレー X_2 は動作します．
　〔7〕補助リレー X_2 が動作すると，②回路のメーク接点 X_2-m が閉じます．
　〔8〕補助リレー X_2 のメーク接点 X_2-m が閉じると，②回路のコイル MC ▭ に電流が流れ，電磁接触器 MC が動作します．
　〔9〕電磁接触器 MC が動作すると，①回路の主接点 MC が閉じます．
　〔10〕電磁接触器の主接点 MC が閉じると，①回路の電動機 M に電流が流れ，電動機は始動します．
　〔11〕電動機 M の始動により，ポンプ P も回転し，給水源から水をくみ上げ，給水槽に給水します．

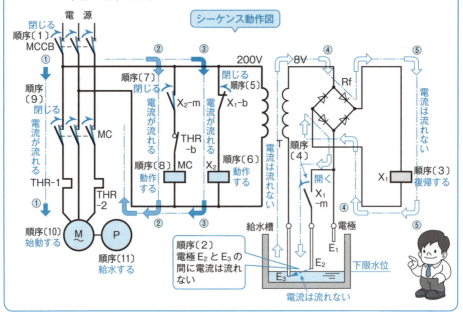

シーケンス動作図

電動ポンプの停止動作順序　　　　　　　　　●給水槽に給水しない●

❖給水槽の水位が上昇して，フロートレス液面リレーの電極 E_1 まで達すると，電動ポンプは停止し，給水槽への給水を止めます．

順序〔12〕　給水槽の水位が上昇して，フロートレス液面リレーの電極 E_1 まで達すると，電極 E_1 と E_3 との間が導通して閉じますので，④回路に電流が流れます．

〔13〕　④回路に電流が流れると，整流器 Rf の二次側である⑤回路のコイル X_1 □ にも電流が流れるので，補助リレー X_1 は動作します．

〔14〕　補助リレー X_1 が動作すると，④回路のメーク接点 X_1-m が閉じます．

〔15〕　補助リレー X_1 が動作すると，③回路のブレーク接点 X_1-b が開きます．

〔16〕　補助リレー X_1 のブレーク接点 X_1-b が開くと，③回路のコイル X_2 □ に電流は流れず，補助リレー X_2 は復帰します．

〔17〕　補助リレー X_2 が復帰すると，②回路のメーク接点 X_2-m が開きます．

〔18〕　補助リレー X_2 のメーク接点 X_2-m が開くと，②回路のコイル MC □ に電流は流れず，電磁接触器 MC が復帰します．

〔19〕　電磁接触器 MC が復帰すると，①回路の主接点 MC が開きます．

〔20〕　電磁接触器の主接点 MC が開くと，①回路の電動機Mに電流は流れず，電動機は停止します．

〔21〕　電動機Mの停止により，ポンプPも止まりますので，給水槽への給水を止めます．

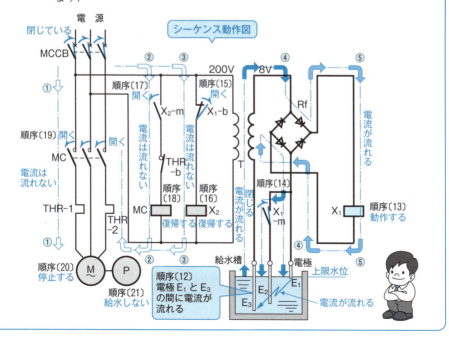

シーケンス動作図

11-2 異常渇水警報付き給水制御

1 異常渇水警報付き給水制御の実際配線図

異常渇水警報付き給水制御回路の実際配線図

❋ 下図は，異常渇水警報付き給水制御設備の実際配線図の一例を示したものです．この回路では，フロートレス液面リレー（異常渇水警報形）を用いて，給水槽への自動給水を行うとともに，給水槽の液面が異常に渇水するとブザーを鳴らして警報を発し，電動ポンプを自動的に停止して，過負荷による電動ポンプの焼損を防止します．

異常渇水警報付き給水制御回路の実際配線図〔例〕

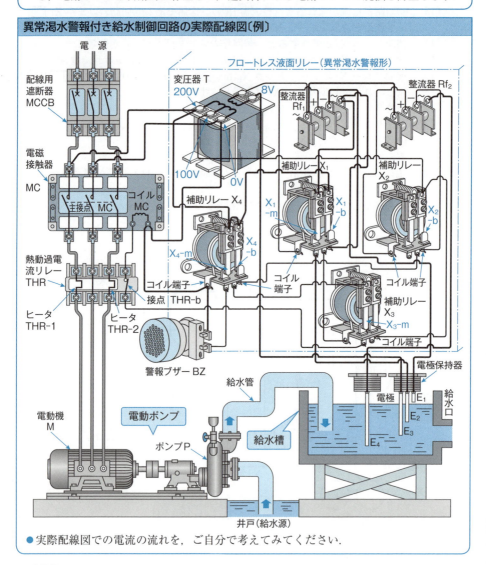

● 実際配線図での電流の流れを，ご自分で考えてみてください．

❷ 異常渇水警報付き給水制御回路のシーケンス動作

電動ポンプの停止動作順序　　　　　　　　　●給水槽に給水しない●

※給水槽の水位が上昇して，フロートレス液面リレーの電極 E_1 まで達すると，電動ポンプは停止し，給水槽への給水を止めます．

順序〔1〕　①回路の配線用遮断器MCCB（電源スイッチ）を投入し閉じます．

〔2〕　給水槽の水位が上昇して，フロートレス液面リレーの電極 E_1 まで達すると，電極 E_1 と E_3 との間が導通して閉じますので，⑥回路に電流が流れます．

〔3〕　⑥回路に電流が流れると，整流器 Rf_1 の二次側である⑦回路のコイル X_1 にも電流が流れるので，補助リレー X_1 は動作します．

〔4〕　補助リレー X_1 が動作すると，⑥回路のメーク接点 X_1-m が閉じます．

〔5〕　補助リレー X_1 が動作すると，④回路のブレーク接点 X_1-b が開きます．

〔6〕　補助リレー X_1 のブレーク接点 X_1-b が開くと，④回路のコイル X_3 に電流は流れず，補助リレー X_3 は復帰します．

〔7〕　補助リレー X_3 が復帰すると，③回路のメーク接点 X_3-m が開きます．

〔8〕　補助リレー X_3 のメーク接点 X_3-m が開くと，③回路のコイルMCに電流は流れず，電磁接触器MCは復帰します．

〔9〕　電磁接触器MCが復帰すると，①回路の主接点MCが開きます．

〔10〕　電磁接触器の主接点MCが開くと，①回路の電動機Mに電流は流れず，電動機は停止します．

〔11〕　電動機Mが停止すると，ポンプPも停止し，給水槽への給水を止めます．

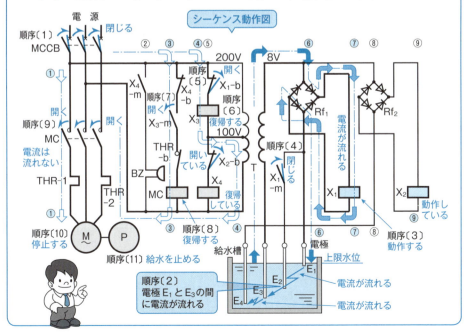

❷ 異常渇水警報付き給水制御回路のシーケンス動作（つづき）

電動ポンプの始動動作順序　　　　　　　　　●給水槽へ給水する●

※給水槽の水位が低下して，フロートレス液面リレーの電極 E_2 より下がると，電動ポンプは始動し，給水槽へ給水します．

順序〔12〕　給水槽の水位が低下して，液面リレーの電極 E_2 より下がると，電極 E_2 と E_3 との間に導通がなくなり開きますので，⑥回路に電流は流れません．

〔13〕　⑥回路に電流が流れないと，整流器 Rf_1 の二次側である⑦回路のコイル X_1 にも電流は流れず，補助リレー X_1 は復帰します．

〔14〕　補助リレー X_1 が復帰すると，⑥回路のメーク接点 X_1-m が開きます．

〔15〕　補助リレー X_1 が復帰すると，④回路のブレーク接点 X_1-b が閉じます．

〔16〕　補助リレー X_1 のブレーク接点 X_1-b が閉じると，④回路のコイル X_3 に電流が流れ，補助リレー X_3 は動作します．

〔17〕　補助リレー X_3 が動作すると，③回路のメーク接点 X_3-m が閉じます．

〔18〕　補助リレー X_3 のメーク接点 X_3-m が閉じると，③回路のコイル MC に電流が流れ，電磁接触器 MC が動作します．

〔19〕　電磁接触器 MC が動作すると，①回路の主接点 MC が閉じます．

〔20〕　電磁接触器の主接点 MC が閉じると，①回路の電動機 M に電流が流れ，電動機は始動します．

〔21〕　電動機 M が始動すると，ポンプ P も運転され，給水槽へ給水します．

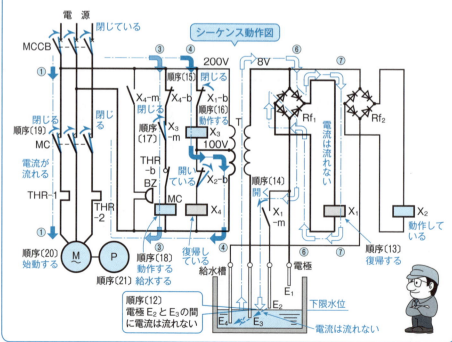

異常渇水警報の動作順序　　　●警報を発し，電動ポンプを停止する●

※給水槽の水位が低下して，異常渇水により，フロートレス液面リレーの電極 E_3 より下がると，ブザーを鳴らして警報を発するとともに，電動ポンプを停止して過負荷による電動ポンプの焼損を防止します．

順序〔22〕 給水槽の水位が低下して，フロートレス液面リレーの電極 E_3 より下がると，電極 E_3 と E_4 との間に導通がなくなりますので，⑧回路に電流は流れません．

〔23〕 ⑧回路に電流が流れないと，整流器 Rf_2 の二次側である⑨回路のコイル X_2 □ にも電流は流れず，補助リレー X_2 は復帰します．

〔24〕 補助リレー X_2 が復帰すると，⑤回路のブレーク接点 X_2-b が閉じます．

〔25〕 補助リレー X_2 のブレーク接点 X_2-b が閉じると，⑤回路のコイル X_4 □ に電流が流れ，補助リレー X_4 は動作します．

● 補助リレー X_4 が動作すると，次の順序〔26〕，〔28〕の動作が，同時に行われます．

〔26〕 補助リレー X_4 が動作すると，②回路のメーク接点 X_4-m が閉じます．

〔27〕 メーク接点 X_4-m が閉じると，②回路のブザー BZ が鳴り，警報を発します．

〔28〕 補助リレー X_4 が動作すると，③回路のブレーク接点 X_4-b が開きます．

〔29〕 補助リレー X_4 のブレーク接点 X_4-b が開くと，③回路のコイル MC □ に電流は流れず，電磁接触器 MC は復帰します．

〔30〕 電磁接触器 MC が復帰すると，①回路の主接点 MC が開きます．

〔31〕 主接点 MC が開くと，①回路の電動機 M に電流は流れず，電動機は停止します．

〔32〕 電動機が停止すると，ポンプ P も水をくみ上げず，給水槽への給水を止めます．

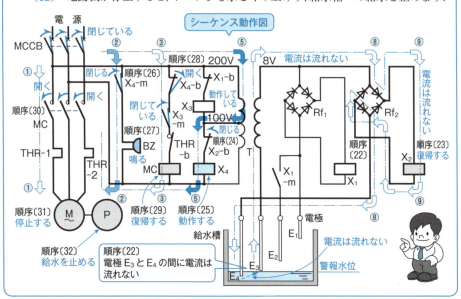

シーケンス動作図

11-3 フロートレス液面リレーを用いた排水制御

① 排水制御の実際配線図とシーケンス図

フロートレス液面リレーを用いた排水制御回路の実際配線図

❖ 下図は，排水槽から電動ポンプにより，排水をくみ上げるにあたって，排水槽の液面をフロートレス液面リレーを用いて，自動的に制御する排水制御設備の実際配線図の一例を示したものです．

フロートレス液面リレーを用いた排水制御回路の実際配線図〔例〕

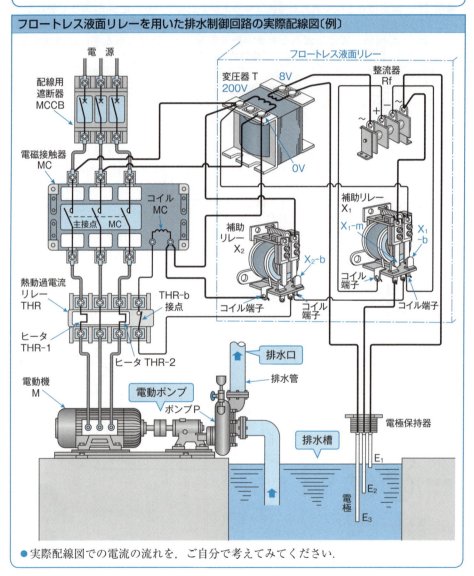

● 実際配線図での電流の流れを，ご自分で考えてみてください．

フロートレス液面リレーを用いた排水制御回路のシーケンス図

❖ 下図は，フロートレス液面リレーを用いた排水制御設備の実際配線図を，シーケンス図に書き換えたものです．

❖ フロートレス液面リレーの電極間に，交流200Vの電圧をそのまま印加すると危険ですので，変圧器により8Vに降圧しております．

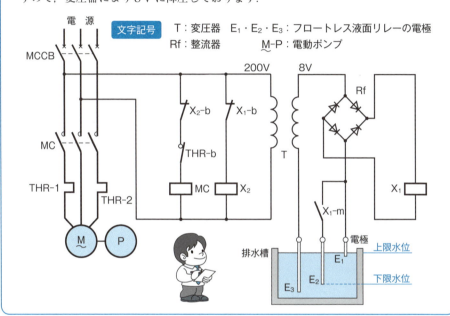

文字記号　T：変圧器　$E_1 \cdot E_2 \cdot E_3$：フロートレス液面リレーの電極
　　　　　Rf：整流器　M-P：電動ポンプ

排水槽水位と電動ポンプの始動・停止のしかた

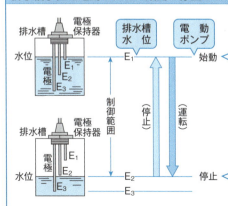

● 電動ポンプの始動 ●

❖ 排水槽の排水がたまって水位が上昇し，フロートレス液面リレーの電極 E_1 まで達すると，電動ポンプが始動して，排水を行います．

❖ 電動ポンプの運転は，排水槽の水位が電極 E_2 より下がるまで続きます．

● 電動ポンプの停止 ●

❖ 電動ポンプの運転により，排水槽の水位が低下し，フロートレス液面リレーの電極 E_2 より下がると，電動ポンプは停止して，排水を止めます．

❖ 電動ポンプの停止は，排水槽の水位が電極 E_1 に上がるまで続きます．

❷ 排水制御回路のシーケンス動作

電動ポンプの始動動作順序　　　　　　　　　●排水槽から排水する●

❋排水槽の水位が上昇して，フロートレス液面リレーの電極 E_1 まで達すると，電動ポンプは始動し，排水槽から排水します．

順序〔1〕①回路の配線用遮断器 MCCB（電源スイッチ）を投入し閉じます．
〔2〕排水槽の水位が上昇して，フロートレス液面リレーの電極 E_1 まで達すると，電極 E_1 と E_3 との間が導通して閉じますので，④回路に電流が流れます．
〔3〕④回路に電流が流れると，整流器 Rf の二次側である⑤回路のコイル X_1 ☐ にも電流が流れ，補助リレー X_1 は動作します．
〔4〕補助リレー X_1 が動作すると，④回路のメーク接点 X_1-m が閉じます．
〔5〕補助リレー X_1 が動作すると，③回路のブレーク接点 X_1-b が開きます．
〔6〕補助リレー X_1 のブレーク接点 X_1-b が開くと，③回路のコイル X_2 ☐ に電流は流れず，補助リレー X_2 は復帰します．
〔7〕補助リレー X_2 が復帰すると，②回路のブレーク接点 X_2-b が閉じます．
〔8〕補助リレー X_2 のブレーク接点 X_2-b が閉じると，②回路のコイル MC ☐ に電流が流れ，電磁接触器 MC が動作します．
〔9〕電磁接触器 MC が動作すると，①回路の主接点 MC が閉じます．
〔10〕電磁接触器の主接点 MC が閉じると，①回路の電動機 M に電流が流れ，電動機は始動します．
〔11〕電動機 M の始動により，ポンプ P も回転し，排水槽から排水をくみ上げ，排水します．

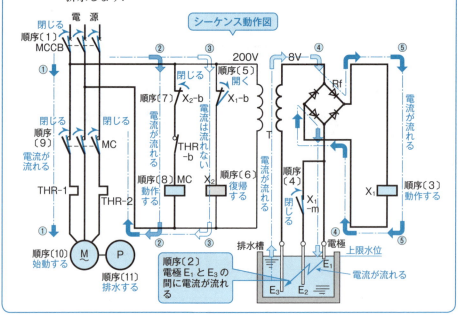

204

電動ポンプの停止動作順序　●排水槽から排水しない●

※排水槽の水位が低下して，フロートレス液面リレーの電極 E_2 より下がると，電動ポンプは停止し，排水槽からの排水を止めます。

順序〔12〕 排水槽の水位が低下して，フロートレス液面リレーの電極 E_2 より下がると，電極 E_2 と E_3 との間の導通がなくなり開きますので，④回路に電流は流れません。

〔13〕④回路に電流が流れないと，整流器 Rf の二次側である⑤回路のコイル X_1 □ にも電流は流れませんから，補助リレー X_1 は復帰します。

〔14〕補助リレー X_1 が復帰すると，④回路のメーク接点 X_1-m が開きます。

〔15〕補助リレー X_1 が復帰すると，③回路のブレーク接点 X_1-b が閉じます。

〔16〕補助リレー X_1 のブレーク接点 X_1-b が閉じると，③回路のコイル X_2 □ に電流が流れ，補助リレー X_2 は動作します。

〔17〕補助リレー X_2 が動作すると，②回路のブレーク接点 X_2-b が開きます。

〔18〕補助リレー X_2 のブレーク接点 X_2-b が開くと，②回路のコイル MC □ に電流は流れず，電磁接触器 MC が復帰します。

〔19〕電磁接触器 MC が復帰すると，①回路の主接点 MC が開きます。

〔20〕電磁接触器の主接点 MC が開くと，①回路の電動機 M に電流は流れず，電動機は停止します。

〔21〕電動機 M の停止により，ポンプ P も止まりますので，排水槽からの排水を止めます。

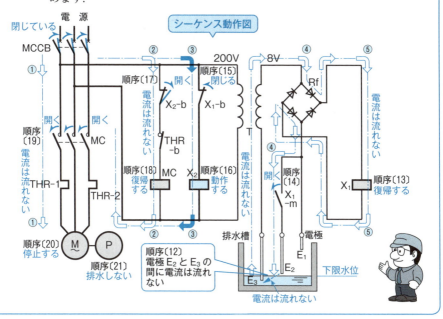

シーケンス動作図

11-4　異常増水警報付き排水制御

1　異常増水警報付き排水制御の実際配線図

異常増水警報付き排水制御回路の実際配線図

❖下図は，異常増水警報付き排水制御設備の実際配線図の一例を示したものです．この回路では，フロートレス液面リレー（異常増水警報形）を用いて，排水槽から自動排水を行うとともに，万一，排水槽が異常に増水して，液面が高くなった場合にブザーを鳴らして警報を発します．

異常増水警報付き排水制御回路の実際配線図〔例〕

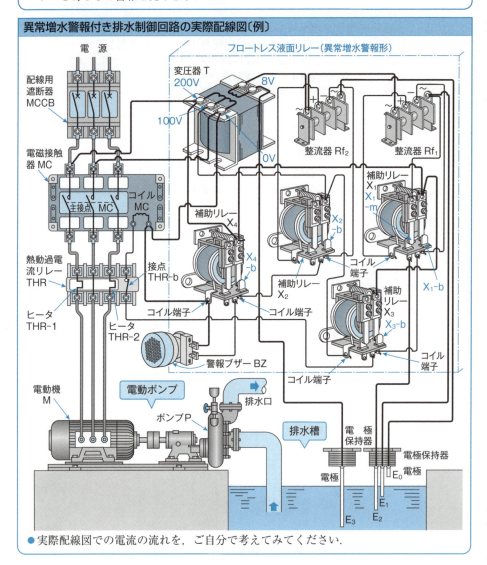

● 実際配線図での電流の流れを，ご自分で考えてみてください．

❷ 異常増水警報付き排水制御回路のシーケンス動作

電動ポンプの停止動作順序　　　　　　　　　　●排水槽から排水しない●

※排水槽の水位が低下して，フロートレス液面リレーの電極 E_2 より下がると，電動ポンプは停止し，排水槽からの排水を止めます．

順序〔1〕　①回路の配線用遮断器 MCCB（電源スイッチ）を投入し閉じます．
　〔2〕　排水槽の水位が低下して，液面リレーの電極 E_2 より下がると，電極 E_2 と E_3 との間の導通がなくなり開きますので，⑥回路に電流は流れません．
　〔3〕　⑥回路に電流が流れないと，整流器 Rf_1 の二次側である⑦回路のコイル X_1 ▭ にも電流は流れませんから，補助リレー X_1 は復帰します．
　〔4〕　補助リレー X_1 が復帰すると，⑥回路のメーク接点 X_1-m が開きます．
　〔5〕　補助リレー X_1 が復帰すると，④回路のブレーク接点 X_1-b が閉じます．
　〔6〕　補助リレー X_1 のブレーク接点 X_1-b が閉じると，④回路のコイル X_3 ▭ に電流が流れ，補助リレー X_3 は動作します．
　〔7〕　補助リレー X_3 が動作すると，③回路のブレーク接点 X_3-b が開きます．
　〔8〕　補助リレー X_3 のブレーク接点 X_3-b が開くと，③回路のコイル MC ▭ に電流は流れず，電磁接触器 MC は復帰します．
　〔9〕　電磁接触器 MC が復帰すると，①回路の主接点 MC が開きます．
　〔10〕　電磁接触器の主接点 MC が開くと，①回路の電動機 M に電流は流れず，電動機は停止します．
　〔11〕　電動機 M の停止により，ポンプ P も止まりますので，排水槽からの排水を止めます．

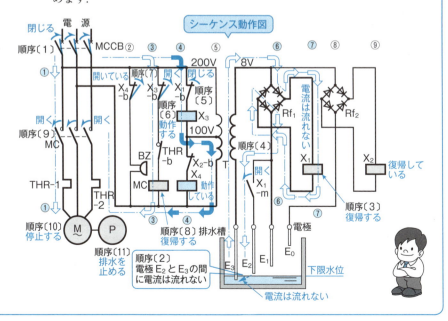

❷ 異常増水警報付き排水制御回路のシーケンス動作（つづき）

電動ポンプの始動動作順序　　　　　　　　　　　●排水槽から排水する●

❖ 排水槽の水位が上昇して，フロートレス液面リレーの電極 E_1 まで達すると，電動ポンプは始動し，排水槽から排水します．

順序〔12〕 排水槽の水位が上昇して，フロートレス液面リレーの電極 E_1 に達すると，電極 E_1 と E_3 との間が導通して閉じますので，⑥回路に電流が流れます．

〔13〕 ⑥回路に電流が流れると，整流器 Rf_1 の二次側である⑦回路のコイル X_1 □ にも電流が流れ，補助リレー X_1 が動作します．

〔14〕 補助リレー X_1 が動作すると，⑥回路のメーク接点 X_1-m が閉じます．

〔15〕 補助リレー X_1 が動作すると，④回路のブレーク接点 X_1-b が開きます．

〔16〕 補助リレー X_1 のブレーク接点 X_1-b が開くと，④回路のコイル X_3 □ に電流は流れず，補助リレー X_3 は復帰します．

〔17〕 補助リレー X_3 が復帰すると，③回路のブレーク接点 X_3-b が閉じます．

〔18〕 補助リレー X_3 のブレーク接点 X_3-b が閉じると，③回路のコイル MC □ に電流が流れ，電磁接触器 MC が動作します．

〔19〕 電磁接触器 MC が動作すると，①回路の主接点 MC が閉じます．

〔20〕 電磁接触器の主接点 MC が閉じると，①回路の電動機 M に電流が流れ，電動機は始動します．

〔21〕 電動機 M が始動すると，ポンプ P も回転し，排水槽から排水します．

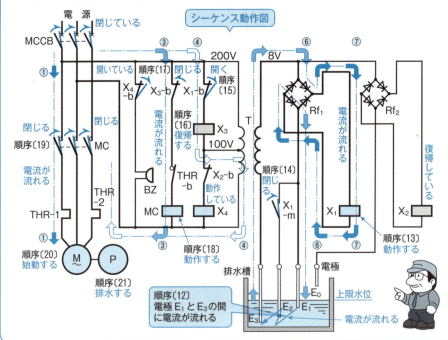

シーケンス動作図

異常増水警報の動作順序　　　●警報を発する●

❖ 排水槽の水位が異常に増水して，フロートレス液面リレーの電極 E_0 まで達すると，ブザーを鳴らして警報を発します。

順序〔22〕 排水槽の水位が異常に増水して，フロートレス液面リレーの電極 E_0 まで達すると，電極 E_0 と E_3 との間が導通して閉じますので，⑧回路に電流が流れます。

〔23〕 ⑧回路に電流が流れると，整流器 Rf_2 の二次側である⑨回路のコイル X_2 □ にも電流が流れ，補助リレー X_2 が動作します。

〔24〕 補助リレー X_2 が動作すると，⑤回路のブレーク接点 X_2-b が開きます。

〔25〕 補助リレー X_2 のブレーク接点 X_2-b が開くと，⑤回路のコイル X_4 □ に電流は流れず，補助リレー X_4 は復帰します。

〔26〕 補助リレー X_4 が復帰すると，②回路のブレーク接点 X_4-b が閉じます。

〔27〕 補助リレー X_4 のブレーク接点 X_4-b が閉じると，②回路のブザー BZ に電流が流れ，ブザーが鳴り警報を発します。

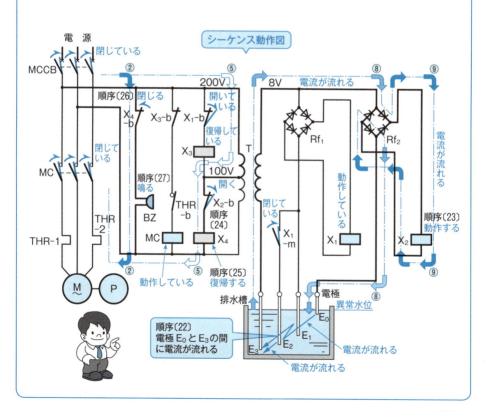

11-5 ビルの給排水衛生設備

1 上水・雑用水2系統排水衛生設備

上水・雑用水2系統排水衛生設備(例)

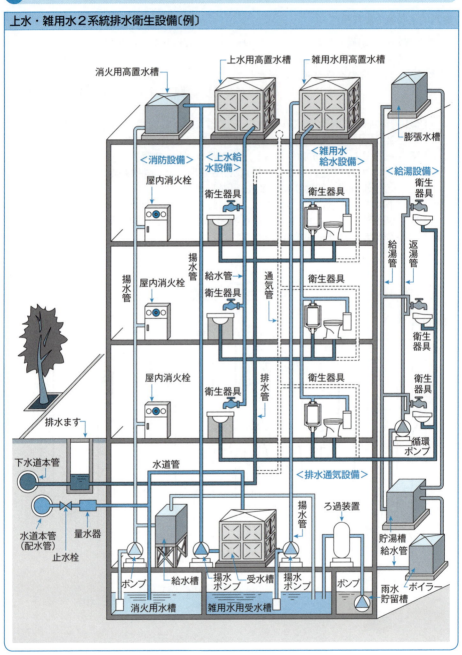

❷ 排水配管・通気配管系統図

排水配管・通気配管系統図（例）

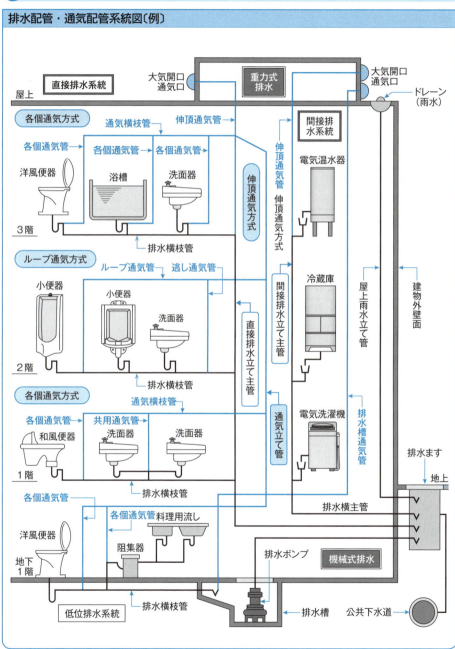

資料　タイマを3個用いた噴水の時限制御回路

噴水の時限制御

電磁弁 V_1 回路の開閉動作順序

（1）①回路の始動ボタンスイッチ $PBS_入$ を押すと，③回路の補助リレー X_1 が動作するとともに，②回路のタイマ TLR-1 を付勢します。

（2）補助リレー X_1 が動作すると，③回路の自己保持接点 X_1-m1 が閉じて，自己保持するとともに，④回路のメーク接点 X_1-m2 が閉じて，補助リレー X_2 を動作させます。

（3）補助リレー X_2 が動作すると，⑤回路のメーク接点 X_2-m が閉じて，電磁弁 V_1 を動作させて弁を開くので，ノズルから水が噴き出します。

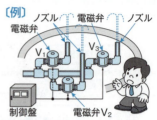
〔例〕

噴水の時限制御のシーケンス図

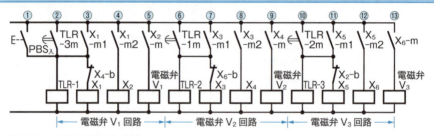

電磁弁 V_2 回路の開閉動作順序

（4）タイマ TLR-1 の設定時限（T_1）が経過すると，⑥回路の限時動作瞬時復帰メーク接点 TLR-1m が閉じ，⑦回路の補助リレー X_3 が動作するとともに⑥回路のタイマ TLR-2 を付勢します。

（5）補助リレー X_3 が動作すると，⑦回路の自己保持メーク接点 X_3-m1 が閉じて，自己保持するとともに，⑧回路のメーク接点 X_3-m2 を閉じて，補助リレー X_4 を動作させます。

（6）補助リレー X_4 が動作すると，⑨回路のメーク接点 X_4-m が閉じて，電磁弁 V_2 を動作させて弁を開くので，ノズルから水が噴き出します。

（7）補助リレー X_4 が動作すると，③回路のブレーク接点 X_4-b が開き，補助リレー X_1 が復帰するので，④回路のメーク接点 X_1-m2 を開き，補助リレー X_2 を復帰させます。

（8）補助リレー X_2 が復帰すると，⑤回路のメーク接点 X_2-m が開き，電磁弁 V_1 が復帰して閉じるので，ノズルからの水の噴き出しを停止します。

電磁弁 V_3 回路の開閉動作順序

（9）タイマ TLR-2 の設定時限（T_2）が経過すると，⑩回路の限時動作瞬時復帰メーク接点 TLR-2m が閉じ，⑪回路の補助リレー X_5 が動作するとともに⑩回路のタイマ TLR-3 を付勢します。

（10）補助リレー X_5 が動作すると，⑪回路の自己保持メーク接点 X_5-m1 が閉じて，自己保持するとともに，⑫回路のメーク接点 X_5-m2 が閉じて，補助リレー X_6 を動作させます。

（11）補助リレー X_6 が動作すると，⑬回路のメーク接点 X_6-m が閉じて，電磁弁 V_3 を動作させて弁を開くので，ノズルから水が噴き出します。

（12）補助リレー X_6 が動作すると，⑦回路のブレーク接点 X_6-b が開いて，補助リレー X_3 を復帰させるので，補助リレー X_4 も復帰し，電磁弁 V_2 を閉じるので，水の噴き出しを停止します。

追記：タイマ TLR-3 の設定時限（T_3）が経過すると，②回路の限時動作瞬時復帰メーク接点 TLR-3m が閉じて，順序（1）の動作からの繰り返しが行われます。

第12章

コンベヤ・リフト設備の
シーケンス制御

この章のポイント

　この章では，コンベヤ，荷上げリフトなど，運搬設備のシーケンス制御について，その装置例をもとに，調べてみることにいたしましょう．

（1）コンベヤ設備の制御は，身近かなものとして，製造組立ラインなどで，一定距離だけ移動しては一時停止し，この間にいっせいに作業をして，再び始動する「コンベヤの一時停止制御」を示しておきました．

（2）最近，喫茶店，食堂，下足預り所などで，1階と2階の間に荷上げリフトを設置するところが多くなっておりますので，「荷上げリフトの自動反転制御」を示しておきました．これは，シーケンス図をご覧になればおわかりのように，電動機の正逆転制御（「絵ときシーケンス制御読本（入門編）」参照）の応用ですから，よく対比して，その動作を一つひとつ，追ってみてください．

12-1 コンベヤの一時停止制御

1 コンベヤの一時停止制御の実際配線図

コンベヤの一時停止制御回路の実際配線図

※下図は，工場などでコンベヤ上の部品を所定の位置で加工するため，運転中のコンベヤを作業時間として一定時間停止させたのちに，再始動するコンベヤの一時停止制御回路の実際配線図の一例を示したものです．

コンベヤの一時停止制御回路の実際配線図〔例〕

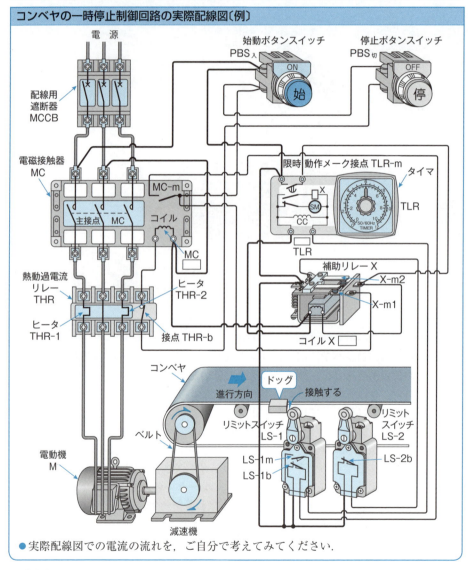

● 実際配線図での電流の流れを，ご自分で考えてみてください．

❷ コンベヤの一時停止制御回路のシーケンス動作

始動ボタンスイッチ PBS$_入$ による始動動作順序　　　●コンベヤが始動する●

※始動ボタンスイッチを押すと，電動機が始動し，コンベヤは移動します．

順序〔1〕　①回路の配線用遮断器 MCCB（電源スイッチ）を投入し閉じます．
　〔2〕　②回路の始動ボタンスイッチ PBS$_入$ を押して閉じます．
　〔3〕　始動ボタンスイッチ PBS$_入$ を押して閉じると，②回路のコイル MC に電流が流れ，電磁接触器 MC が動作します．
　〔4〕　電磁接触器 MC が動作すると，④回路の自己保持メーク接点 MC-m が閉じ，自己保持します．
　〔5〕　電磁接触器 MC が動作すると，①回路の主接点 MC が閉じます．
　〔6〕　電磁接触器の主接点 MC が閉じると，①回路の電動機 M に電流が流れ，電動機は始動し，コンベヤは移動します．
　〔7〕　始動ボタンスイッチ PBS$_入$ の押す手を離すと開きます．

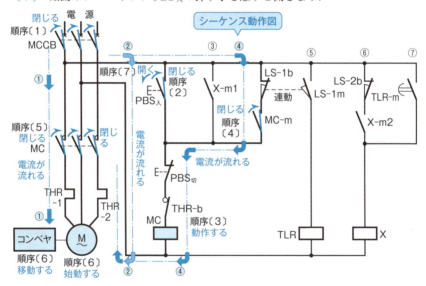

シーケンス動作図

●タイムチャート〔例〕●

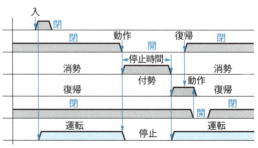

❷ コンベヤの一時停止制御回路のシーケンス動作（つづき）

リミットスイッチLS-1による停止動作順序　　　●コンベヤは停止する●

❖コンベヤが移動して，コンベヤに取り付けたドッグがリミットスイッチLS-1と接触すると，電動機は自動的に停止し，コンベヤは移動を止めます。

順序〔8〕　コンベヤが移動して，コンベヤに取り付けたドッグがリミットスイッチLS-1と接触すると，⑤回路のメーク接点LS-1mは閉じ，④回路のブレーク接点LS-1bは開きます（連動動作する）。

〔9〕　リミットスイッチLS-1のメーク接点LS-1mが閉じると，⑤回路のタイマのコイルTLR ▭ に電流が流れ，タイマTLRは付勢します。

〔10〕　リミットスイッチLS-1のブレーク接点LS-1bが開くと，④回路のコイルMC ▭ に電流は流れず，電磁接触器MCが復帰します。

〔11〕　電磁接触器MCが復帰すると，①回路の主接点MCが開きます。

〔12〕　電磁接触器MCの主接点MCが開くと，①回路の電動機Mに電流は流れず，電動機は停止し，コンベヤは移動を止めます。

〔13〕　電磁接触器MCが復帰すると，④回路の自己保持メーク接点MC-mが開き，自己保持を解きます。

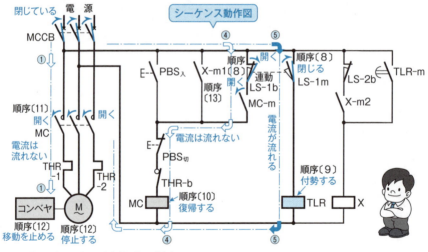

●リミットスイッチLS-2の働き●

（1）　リミットスイッチLS-1はドッグに押され動作していますが，コンベヤが移動すると，LS-1は復帰しブレーク接点は閉じ，メーク接点が開き，その間に電気的な切れめができて，電磁接触器MCが完全に自己保持しないことがあります。

（2）　電磁接触器MCが完全に自己保持したのちに，タイマの限時動作瞬時復帰メーク接点TLR-mが開くようにタイムラグ（時間遅れ）をとる必要があります。

（3）　そこで，リミットスイッチLS-2をLS-1と少し離して設置し，その動作時間差をタイムラグとして利用したのが，上記回路です。

タイマ TLR による始動動作順序　　　　　　●コンベヤは始動する●

※タイマの設定時限（コンベヤの停止時間に設定）が経過すると，電動機は始動し，コンベヤが移動します。

順序〔14〕　タイマの設定時限が経過すると動作して，⑦回路の限時動作瞬時復帰メーク接点 TLR-m が閉じます。

〔15〕　限時動作瞬時復帰メーク接点 TLR-m が閉じると，⑦回路のコイル X □ に電流が流れ，補助リレー X が動作します。

〔16〕　補助リレー X が動作すると，⑥回路の自己保持メーク接点 X-m2 が閉じ，自己保持します。

〔17〕　補助リレー X が動作すると，③回路のメーク接点 X-m1 が閉じます。

〔18〕　補助リレー X のメーク接点 X-m1 が閉じると，③回路のコイル MC □ に電流が流れ，電磁接触器 MC が動作します。

・リミットスイッチ LS-1 が復帰（順序〔22〕）して，電気的な切れめがあっても，ブレーク接点 LS-1b が閉じた後に，メーク接点 X-m1 が開（順序〔28〕）くので，電磁接触器 MC は動作を継続します。

〔19〕　電磁接触器 MC が動作すると，①回路の主点 MC が閉じます。

〔20〕　電磁接触器の主接点 MC が閉じると，①回路の電動機 M に電流が流れ，電動機は始動し，コンベヤは移動します。

〔21〕　電磁接触器 MC が動作すると④回路の自己保持メーク接点 MC-m が閉じます。

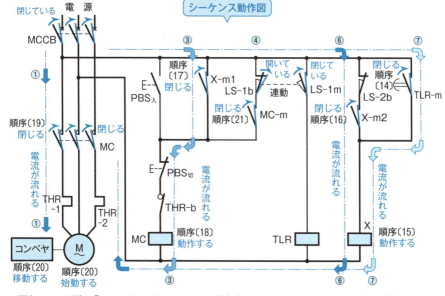

（注）　この回路の「リミットスイッチ LS-2 の働き」については 216，218 ページをご覧ください。

❷ コンベヤの一時停止制御回路のシーケンス動作（つづき）

リミットスイッチLS-1，LS-2の動作順序　　●コンベヤは移動を続ける●

※コンベヤが移動すると，まずリミットスイッチLS-1がドッグからはずれてから，LS-2がドッグと接触しますので，この間，コンベヤは瞬断せずに移動します。

順序〔22〕　コンベヤが移動すると，リミットスイッチLS-1がドッグからはずれ復帰し，⑤回路のメーク接点LS-1mは開き，④回路のブレーク接点LS-1bは閉じます（この開いて，閉じる間の時間が「電気の切れめ」となるが電磁接触器MCは，順序〔18〕で③回路のメーク接点X-m1の閉で動作している）。

〔23〕　メーク接点LS-1mが開くと，⑤回路のタイマのコイルTLR □に電流は流れず，タイマTLRは消勢します。

〔24〕　タイマTLRが消勢すると復帰して，⑦回路の限時動作瞬時復帰メーク接点TLR-mが開きます。

〔25〕　コンベヤがさらに移動して，ドッグがリミットスイッチLS-2と接触すると，動作して⑥回路のブレーク接点LS-2bが開きます。

〔26〕　リミットスイッチLS-2のブレーク接点LS-2bが開くと，⑥回路のコイルX □に電流は流れず，補助リレーXが復帰します。

〔27〕　補助リレーXが復帰すると，⑥回路の自己保持メーク接点X-m2が開きます。

〔28〕　補助リレーXが復帰すると，③回路のメーク接点X-m1が開きます。

●接点X-m1が開いても，④回路を通って電磁接触器MCは動作し続けます。

〔29〕　コンベヤがさらに移動して，ドッグがリミットスイッチLS-2からはずれると，復帰して⑥回路のブレーク接点LS-2bは閉じます。

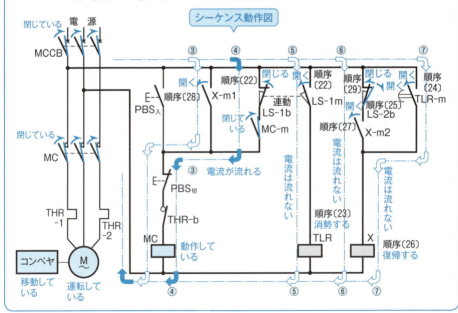

シーケンス動作図

12-2　荷上げリフトの自動反転制御

① 荷上げリフトの自動反転制御の実際配線図

荷上げリフトの自動反転制御回路の実際配線図

※下図は，作業場における1階～2階間の荷上げリフトの実際配線図の一例を示したものです．この回路では，始動ボタンスイッチPBS-F入を押すと，荷上げリフトが上昇し，2階に達すると，リミットスイッチLS-2で停止するとともに，タイマTLRを付勢し，タイマの設定時限が経過すると，その接点で，自動的に反転して下降し，1階のリミットスイッチLS-1に接触すると，停止します．

荷上げリフトの自動反転制御回路の実際配線図〔例〕

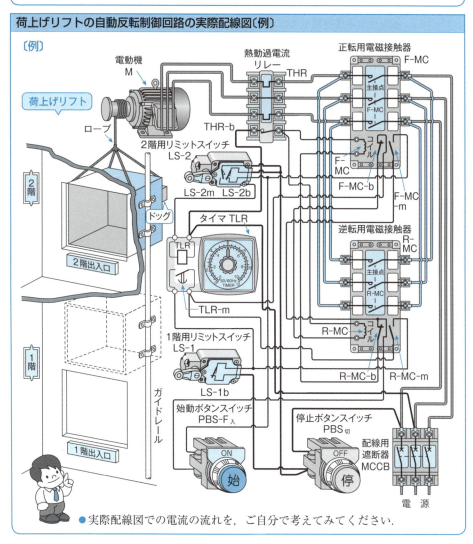

●実際配線図での電流の流れを，ご自分で考えてみてください．

❷ 荷上げリフトの自動反転制御回路のシーケンス動作

始動ボタンスイッチPBS-F入による始動動作順序　　　●リフトは上昇する●

※始動ボタンスイッチを押すと，電動機は正方向に回転し，荷上げリフトは1階から2階に向かって上昇します．

順序〔1〕①回路の配線用遮断器MCCB（電源スイッチ）を投入し閉じます．
　〔2〕④回路の始動ボタンスイッチPBS-F入を押して閉じます．
　〔3〕始動ボタンスイッチPBS-F入を押して閉じると，④回路のコイルF-MC □ に電流が流れ，正転用電磁接触器F-MCが動作します．
　〔4〕正転用電磁接触器F-MCが動作すると，①回路の主接点F-MCが閉じます．
　〔5〕正転用電磁接触器の主接点F-MCが閉じると，①回路の電動機Mに電流が流れ，電動機は正方向に回転して，荷上げリフトは1階から2階に向かって上昇します．
　〔6〕正転用電磁接触器F-MCが動作すると，⑤回路の自己保持メーク接点F-MC-mが閉じ，自己保持します．
　〔7〕正転用電磁接触器F-MCが動作すると，⑦回路のブレーク接点F-MC-bが開き，逆転用電磁接触器R-MCをインタロックします．
　〔8〕④回路の始動ボタンスイッチPBS-F入の押す手を離すと開きます．

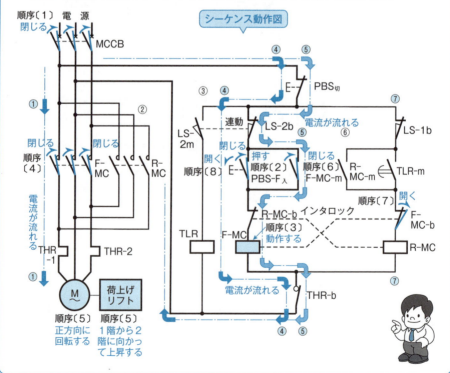
シーケンス動作図

リミットスイッチLS-2による停止動作順序　●リフトは2階で停止する●

※荷上げリフトが上昇して，リフトに取り付けたドッグがリミットスイッチLS-2（2階に設置）に接触しますと，電動機は停止し，荷上げリフトは2階で停止します．

順序〔9〕 荷上げリフトが上昇して，リフトに取り付けたドッグがリミットスイッチLS-2と接触しますと，動作して③回路のメーク接点LS-2mは閉じ，④，⑤回路のブレーク接点LS-2bは開きます（連動動作する）．

〔10〕リミットスイッチLS-2のメーク接点LS-2mが閉じると，③回路のタイマのコイルTLR ☐ に電流が流れ，タイマTLRは付勢されます．

〔11〕リミットスイッチLS-2のブレーク接点LS-2bが開くと，⑤回路のコイルF-MC ☐ に電流は流れず，正転用電磁接触器F-MCは復帰します．

〔12〕正転用F-MCが復帰すると，①回路の正転用主接点F-MCが開きます．

〔13〕正転用電磁接触器の主接点F-MCが開くと，①回路の電動機Mに電流は流れず，電動機は停止して，荷上げリフトは2階で停止します．

〔14〕正転用F-MCが復帰すると，⑤回路の自己保持接点F-MC-mが開きます．

〔15〕正転用電磁接触器F-MCが復帰すると，⑦回路のブレーク接点F-MC-bが閉じ，逆転用電磁接触器R-MCのインタロックを解きます．

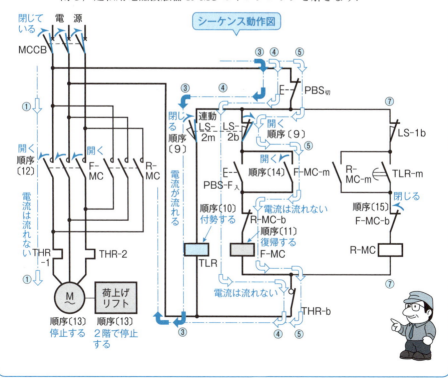

❷ 荷上げリフトの自動反転制御回路のシーケンス動作（つづき）

タイマ TLR による反転動作順序　　　　　　　●リフトは下降する●

※タイマの設定時限（リフトが停止している時間に設定）が経過すると，電動機は自動的に逆転するので，荷上げリフトは反転して，2階から1階に向かって下降します。

順序〔16〕 タイマ TLR の設定時限が経過すると動作して，⑦回路の限時動作瞬時復帰メーク接点 TLR-m が閉じます。

〔17〕 限時動作瞬時復帰メーク接点 TLR-m が閉じると，⑦回路のコイル R-MC ▭ に電流が流れ，逆転用電磁接触器 R-MC が動作します。

〔18〕 逆転用 R-MC が動作すると，②回路の逆転用主接点 R-MC が閉じます。

〔19〕 主接点 R-MC が閉じると，②回路の電動機 M に電流が流れ，電動機は逆方向に回転するので，荷上げリフトは反転して，2階から1階に下降します。

〔20〕 逆転用電磁接触器 R-MC が動作すると，⑥回路の自己保持メーク接点 R-MC-m が閉じ，自己保持します。

〔21〕 逆転用電磁接触器 R-MC が動作すると，④回路のブレーク接点 R-MC-b が開き，正転用電磁接触器 F-MC をインタロックします。

〔22〕 荷上げリフトが2階から1階に向かって下降すると，リミットスイッチ LS-2 がドッグからはずれ，復帰して③回路のメーク接点 LS-2m は開き，④回路のブレーク接点 LS-2b は閉じます（連動動作する）。

〔23〕 リミットスイッチ LS-2 のメーク接点 LS-2m が開くと，③回路のタイマのコイル TLR ▭ に電流は流れず，タイマ TLR は消勢します。

〔24〕 タイマ TLR が消勢すると⑦回路の限時動作メーク接点 TLR-m が開きます。

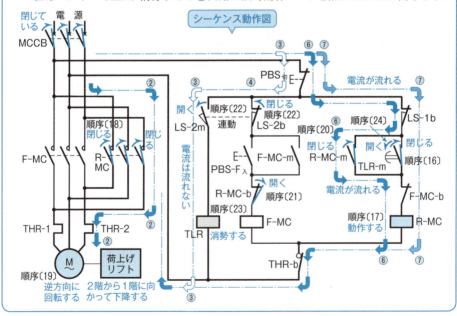

シーケンス動作図

リミットスイッチ LS-1 による停止動作順序　　　●リフトは1階で停止する●

※荷上げリフトが下降して，リフトに取り付けたドッグがリミットスイッチ LS-1（1階に設置）に接触すると，電動機は停止し，荷上げリフトは1階で停止します。

順序〔25〕 荷上げリフトが下降して，リフトに取り付けたドッグがリミットスイッチ LS-1 に接触し動作しますと，⑥，⑦回路のブレーク接点 LS-1b が開きます。

〔26〕 リミットスイッチ LS-1 のブレーク接点 LS-1b が開くと，⑥回路のコイル R-MC □ に電流は流れず，逆転用電磁接触器 R-MC が復帰します。

〔27〕 逆転用 R-MC が復帰すると，②回路の逆転用主接点 R-MC が開きます。

〔28〕 逆転用電磁接触器の主接点 R-MC が開くと，②回路の電動機 M に電流は流れず，電動機は停止し，荷上げリフトは1階で止まります。

〔29〕 逆転用電磁接触器 R-MC が復帰すると，⑥回路の自己保持メーク接点 R-MC-m が開き，自己保持を解きます。

〔30〕 逆転用電磁接触器 R-MC が復帰すると，④回路のブレーク接点 R-MC-b が閉じ，正転用電磁接触器 F-MC のインタロックを解きます。

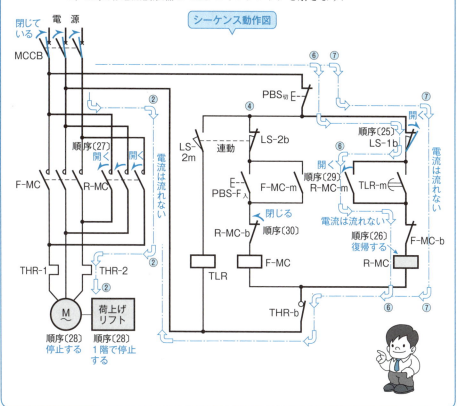

シーケンス動作図

資料　シャッタの自動開閉制御回路

シャッタの自動開閉制御

❖ ビル・工場などの入口には，よくシャッタが設置されておりますが，このシャッタを自動的に開閉するようにすると，便利です。

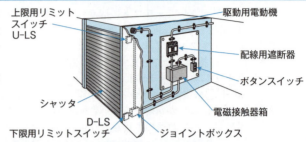

シャッタの自動開閉制御のシーケンス図

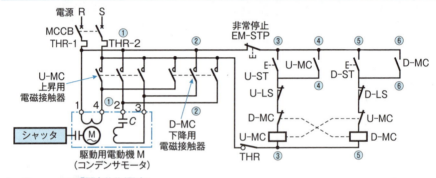

1. **シャッタの「開」動作順序**

   （1）配線用断遮器 MCCB（電源スイッチ）を入れ，③回路の上昇用ボタンスイッチ U-ST を押すと，上昇用電磁接触器 U-MC が動作して，④回路の自己保持メーク接点 U-MC および①回路の主接点 U-MC が閉じ，駆動用電動機Mが正方向に回転し，シャッタを上昇させ開きます。

   （2）シャッタが上限位置まで開くと，③回路の上限用リミットスイッチ U-LS が動作して開き，上昇用電磁接触器 U-MC が復帰し，④回路の自己保持メーク接点 U-MC および①回路の主接点 U-MC が開きますので，駆動用電動機Mが停止し，シャッタが止まります。

2. **シャッタの「閉」動作順序**

   （3）⑤回路の下降用ボタンスイッチ D-ST を押すと，下降用電磁接触器 D-MC が動作して，⑥回路の自己保持メーク接点 D-MC および②回路の主接点 D-MC が閉じ，駆動用電動機Mが逆方向に回転し，シャッタを下降させ閉じます。

   （4）シャッタが下限位置まで閉じると，⑤回路の下限用リミットスイッチ D-LS が動作して開き，下降用電磁接触器 D-MC が復帰し，⑥回路の自己保持メーク接点 D-MC および②回路の主接点 D-MC が開きますので，駆動用電動機Mが停止し，シャッタが止まります。

第13章

ポンプ設備のシーケンス制御

この章のポイント

　この章では，第11章の給排水設備と関連しますが，ポンプの運転面からみた，シーケンス制御について，その装置例をもとに調べてみることにいたしましょう．
（1）　ポンプを連続して運転せずに，一定時間運転すると停止し，再び自動的に始動するという「ポンプの繰り返し運転制御」では，タイマを2個用いておりますので，タイムチャートをもとに，そのシーケンス動作の時間的経過を，よく考えてみてください．
（2）　2台のポンプのうち，必ずNo.1ポンプから始動するようにしたのが「ポンプの順序始動制御」です．この回路はポンプのほかに，コンベヤの直列運転，バーナの自動点火・消火，空調機の始動などにも用いられていますので，しっかりと自分のものにしておきましょう．

13-1 ポンプの繰り返し運転制御

1 ポンプの繰り返し運転制御の実際配線図

ポンプの繰り返し運転制御回路の実際配線図

❖下図は，ポンプを一定時間運転すると，自動的に停止し，決められた時間停止したのちに，再び自動的に運転するポンプの繰り返し運転制御回路の実際配線図の一例を示したものです。

ポンプの繰り返し運転制御回路の実際配線図〔例〕

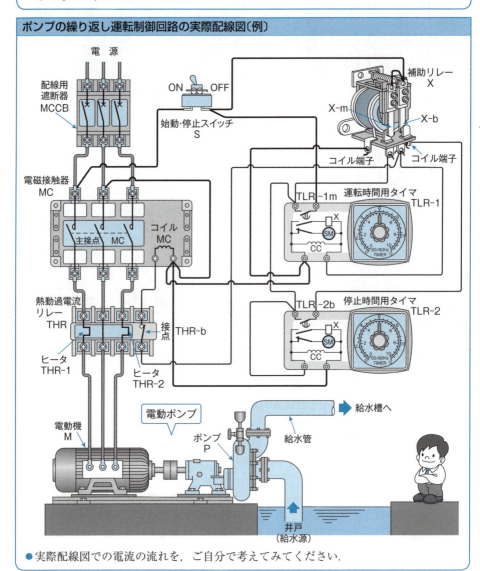

● 実際配線図での電流の流れを，ご自分で考えてみてください。

❷ ポンプの繰り返し運転制御回路のシーケンス動作

始動スイッチによる始動動作順序　　　　　　　●ポンプが始動する●

※始動スイッチSを入れると，電動機が始動し，ポンプは水をくみ上げます．

順序〔1〕①回路の配線用遮断器MCCB（電源スイッチ）を投入し閉じます．
　　〔2〕②回路の始動スイッチSを入れ閉じます．
　　〔3〕Sを閉じると，②回路の運転時間用タイマTLR-1が付勢されます．
　　〔4〕始動スイッチSを閉じると，③回路のコイルMC □ に電流が流れ，電磁接触器MCが動作します．
　　〔5〕電磁接触器MCが動作すると，①回路の主接点MCが閉じます．
　　〔6〕電磁接触器の主接点MCが閉じると，①回路の電動機Mに電流が流れ，電動機は始動します．
　　〔7〕電動機Mが始動すると，ポンプPも回転し，給水源から水をくみ上げます．

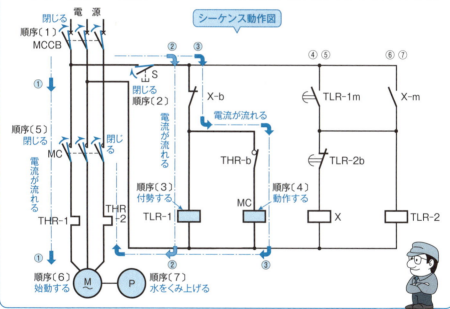

ポンプの繰り返し運転制御のタイムチャート〔例〕

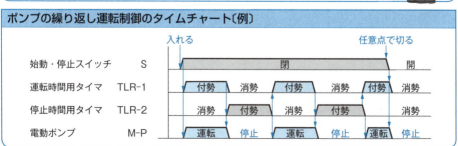

❷ ポンプの繰り返し運転制御回路のシーケンス動作（つづき）

運転時間用タイマ TLR-1 による停止動作順序　　　●ポンプが停止する●

※運転時間用タイマ TLR-1 の設定時限（運転時間）が経過すると，電動機が自動的に停止するので，ポンプは水をくみ上げなくなります．

順序〔8〕　運転時間用タイマ TLR-1 の設定時限が経過すると動作して，④，⑤回路の限時動作瞬時復帰メーク接点 TLR-1m が閉じます．

〔9〕　限時動作瞬時復帰メーク接点 TLR-1m が閉じると，⑤回路のコイル TLR-2 □ に電流が流れ，停止時間用タイマ TLR-2 が付勢されます．

〔10〕　限時動作瞬時復帰メーク接点 TLR-1m が閉じると，④回路のコイル X □ に電流が流れ，補助リレー X が動作します．

〔11〕　補助リレー X が動作すると，⑥，⑦回路の自己保持メーク接点 X-m が閉じて，自己保持します．

〔12〕　補助リレー X が動作すると，②，③回路のブレーク接点 X-b が開きます．
　●接点 X-b が開くと，次の順序〔13〕と〔17〕の動作が，同時に行われます．

〔13〕　補助リレー X のブレーク接点 X-b が開くと，③回路のコイル MC □ に電流は流れず，電磁接触器 MC が復帰します．

〔14〕　電磁接触器 MC が復帰すると，①回路の主接点 MC が開きます．

〔15〕　電磁接触器の主接点 MC が開くと，①回路の電動機 M に電流は流れず，電動機は停止します．

〔16〕　電動機 M が停止すると，ポンプ P も止まり，給水源からの水のくみ上げを止めます．

〔17〕　補助リレー X のブレーク接点 X-b が開くと，②回路のタイマのコイル TLR-1 □ に電流は流れず，運転時間用タイマ TLR-1 は消勢します．

〔18〕　運転時間用タイマ TLR-1 が消勢すると，④，⑤回路の限時動作瞬時復帰メーク接点 TLR-1m が開きます．

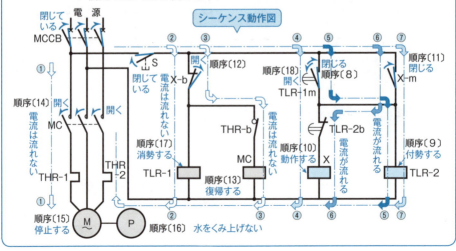

シーケンス動作図

停止時間用タイマ TLR-2 による始動動作順序　　●ポンプが始動する●

❉停止時間用タイマ TLR-2 の設定時限（停止時間）が経過すると，電動機が自動的に始動するので，ポンプは水をくみ上げます．

順序〔19〕　停止時間用タイマ TLR-2 の設定時限が経過すると動作して，⑥回路の限時動作瞬時復帰ブレーク接点 TLR-2b が開きます．

〔20〕　限時動作瞬時復帰ブレーク接点 TLR-2b が開くと，⑥回路のコイル X □ に電流は流れず，補助リレー X が復帰します．
　●補助リレー X が復帰すると，次の順序〔21〕と〔27〕の動作が，同時に行われます．

〔21〕　補助リレー X が復帰すると，②，③回路のブレーク接点 X-b が閉じます．

〔22〕　補助リレー X のブレーク接点 X-b が閉じると，②回路のタイマのコイル TLR-1 □ に電流が流れ，運転時間用タイマ TLR-1 が付勢します．

〔23〕　補助リレー X のブレーク接点 X-b が閉じると，③回路のコイル MC □ に電流が流れ，電磁接触器 MC が動作します．

〔24〕　電磁接触器 MC が動作すると，①回路の主接点 MC が閉じます．

〔25〕　電磁接触器の主接点 MC が閉じると，①回路の電動機 M に電流が流れ，電動機は始動します．

〔26〕　電動機 M が始動すると，ポンプ P も回転し，給水源から水をくみ上げます．

〔27〕　補助リレー X が復帰すると，⑥，⑦回路の自己保持メーク接点 X-m が開き，自己保持を解きます．

〔28〕　補助リレー X の自己保持メーク接点 X-m が開くと，⑦回路のタイマのコイル TLR-2 □ に電流は流れず，停止時間用タイマ TLR-2 は消勢します．

〔29〕　停止時間用タイマ TLR-2 が消勢すると，⑥回路の限時動作瞬時復帰ブレーク接点 TLR-2b が閉じます．

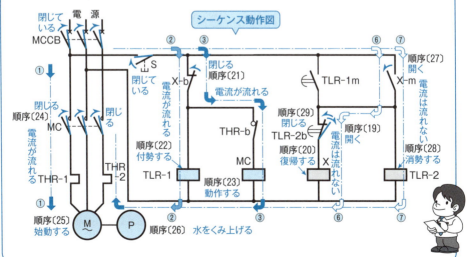

13-2　ポンプの順序始動制御

1 ポンプの順序始動制御の実際配線図

ポンプの順序始動制御回路の実際配線図

❖下図は，始動ボタンスイッチを押すと，2台のポンプのうち，必ずNo.1ポンプから始動し，一定時間経過ののちにNo.2ポンプが始動するようにしたポンプの順序始動制御回路の実際配線図の一例を示したものです．

ポンプの順序始動制御回路の実際配線図〔例〕

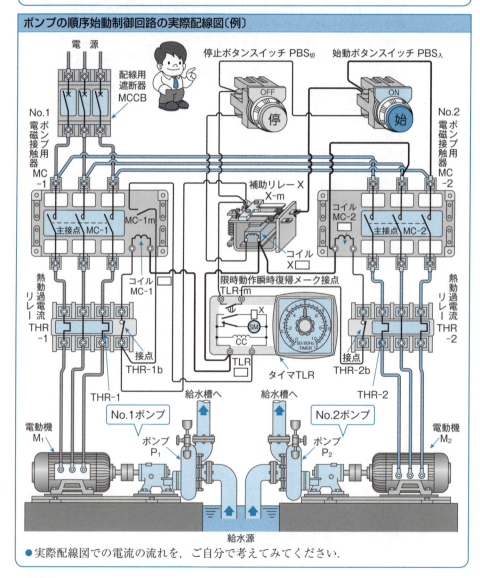

●実際配線図での電流の流れを，ご自分で考えてみてください．

❷ ポンプの順序始動制御回路のシーケンス動作

No.1ポンプの始動動作順序　　　　　　　　　● No.1ポンプが始動する ●

❊始動ボタンスイッチを押すと，No.1ポンプが始動し，水をくみ上げます．

順序〔1〕 ①回路の配線用遮断器MCCB（電源スイッチ）を投入すると閉じます．
〔2〕 ③回路の始動ボタンスイッチ$PBS_入$を押すと閉じます．
〔3〕 始動ボタンスイッチ$PBS_入$を押して閉じると，③回路のコイルX □ に電流が流れ，補助リレーXが動作します．
〔4〕 補助リレーXが動作すると，④回路の自己保持メーク接点X-mが閉じて，自己保持します．
〔5〕 補助リレーXの自己保持メーク接点X-mが閉じると，⑤回路のコイルMC-1 □ に電流が流れ，No.1ポンプ用電磁接触器MC-1が動作します．
〔6〕 No.1ポンプ用電磁接触器MC-1が動作すると，①回路のNo.1ポンプ用電磁接触器の主接点MC-1が閉じます．
〔7〕 No.1ポンプ用電磁接触器の主接点MC-1が閉じると，①回路のNo.1ポンプ用電動機M_1が始動し，ポンプP_1は水をくみ上げます．
〔8〕 No.1ポンプ用電磁接触器MC-1が動作すると，⑥回路のNo.1ポンプ用電磁接触器のメーク接点MC-1mが閉じます．
〔9〕 No.1ポンプ用電磁接触器のメーク接点MC-1mが閉じると，⑥回路のタイマのコイルTLR □ に電流が流れ，タイマTLRが付勢されます．
〔10〕 ③回路の始動ボタンスイッチ$PBS_入$の押す手を離すと開きます．

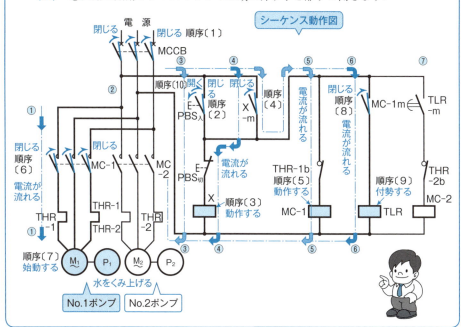

シーケンス動作図

❷ ポンプの順序始動制御回路のシーケンス動作(つづき)

No.2ポンプの始動動作順序　　　　　　　　● No.2ポンプが始動する

※タイマの設定時限(No.1ポンプとNo.2ポンプの運転間隔時間に設定)が経過すると，No.2ポンプが始動し，水をくみ上げます。

順序〔11〕　タイマTLRの設定時限が経過すると動作して，⑦回路の限時動作瞬時復帰メーク接点TLR-mが閉じます。

〔12〕　限時動作瞬時復帰メーク接点TLR-mが閉じると，⑦回路のコイルMC-2 ▢ に電流が流れ，No.2ポンプ用電磁接触器MC-2が動作します。

〔13〕　電磁接触器MC-2が動作すると，②回路の主接点MC-2が閉じます。

〔14〕　No.2ポンプ用電磁接触器の主接点MC-2が閉じると，②回路のNo.2ポンプ用電動機M_2が始動し，ポンプP_2は水をくみ上げます。

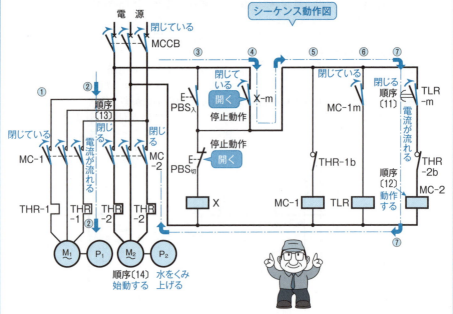

● No.1, No.2ポンプの停止動作順序 ●

※停止ボタンスイッチを押すと，No.1ポンプとNo.2ポンプは両方とも同時に停止します。

（1）③回路の停止ボタンスイッチPBS切を押すと開き，補助リレーXが復帰して，④回路の自己保持メーク接点X-mを開き，自己保持を解きます。

（2）自己保持メーク接点X-mが開くと，⑤回路のMC-1，⑥回路のTLR，⑦回路のMC-2に電流は流れなくなり，すべて復帰します。

（3）MC-1，MC-2が復帰すると，①回路の主接点MC-1，②回路の主接点MC-2が開き，No.1ポンプおよびNo.2ポンプは停止します。

第14章

駐車場設備・防災設備の シーケンス制御

この章のポイント

　この章では，ビル・工場における駐車場設備および防災設備のシーケンス制御について，その装置例をもとに，調べてみることにいたしましょう．

（1）駐車場のシーケンス制御は，自家用車をお待ちの方あるいは車を運転される方はもちろんのこと，そうでない方でも，ぜひご覧になってください．

（2）「駐車場の空車・満車表示制御回路」は，簡単な「メーク接点の直列回路」，「ブレーク接点の並列回路」で構成されております．その動作をよく理解しておきましょう．

（3）光電スイッチを2個用いた「駐車場シャッタの自動開閉制御回路」について，その動作を順序だてて説明してあります．

（4）いざ，火災というとき，あなたならどうしますか，この防災設備のシーケンス制御がきっと，このようなときに役に立つはずです．

（5）火災発生とともに，警報を発する熱感知器を用いた「火災警報器の制御回路」について示しておきました．

（6）火災報知器の押しボタンスイッチを押すと，消火ポンプが自動的に運転する「消火ポンプの制御回路」について説明しておきました．

14-1 駐車場設備のシーケンス制御

1 駐車場の空車・満車表示制御回路

駐車場の空車・満車表示制御

※駐車場の空車・満車表示制御とは，駐車場に空車があるか，またはすべて満車になっているかを，光電スイッチで検出して，電磁リレー接点によるメーク接点の直列回路，ブレーク接点の並列回路を用いて，ランプ表示するようにした制御です．

〔例〕

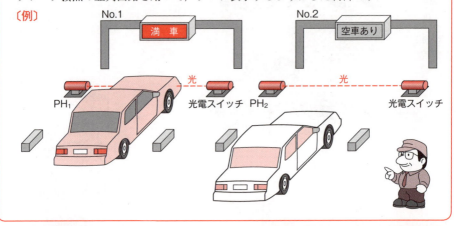

立体駐車装置

※立体駐車装置は，都市部の高価な土地を最少かつ，有効に利用できることから，その普及はめざましいものがあります．

(1) **多層循環方式立体駐車装置**：
二層以上積み重ねた平面的に並んだ駐車部分を水平に循環させたり，循環動作とリフトの昇降を組み合わせる方式をいいます．

(2) **垂直循環方式立体駐車装置**：
駐車部分を垂直に循環させることにより，自動車を保管するいわゆるメリーゴウランド方式をいいます．

(3) **水平循環方式立体駐車装置**：
平面的に2列以上並べた駐車部分を水平に循環させたり，循環動作とリフトの昇降を組み合わせる方式をいいます．

❶ 駐車場の空車・満車表示制御回路（つづき）

駐車場の空車・満車表示制御のシーケンス　　●3台駐車できる場合●

●動作〔1〕　駐車場の No.1 に車が入った場合●

（1）駐車場の No.1 に車が入ると，①回路の光電スイッチ PH_1 からの光が車体で遮断されますので，そのメーク接点 PH_1-m が閉じます．

（2）光電スイッチ PH_1 のメーク接点 PH_1-m が閉じると，①回路の補助リレー X_1 が動作して，④回路のメーク接点 X_1-m を閉じ，⑤回路のブレーク接点 X_1-b を開きます．

（3）④回路で，メーク接点 X_1-m が閉じても，メーク接点 X_2-m，メーク接点 X_3-m が開いているので，赤色ランプは消灯したままです．

（4）⑤回路のブレーク接点 X_1-b が開いても，⑥回路のブレーク接点 X_2-b，⑦回路のブレーク接点 X_3-b が閉じているので，緑色ランプは点灯したままです．

●動作〔2〕　駐車場の No.2 に車が入った場合●

（1）駐車場の No.2 に車が入ると，②回路の光電スイッチ PH_2 が動作して，そのメーク接点 PH_2-m が閉じ，補助リレー X_2 が動作します．

（2）補助リレー X_2 が動作すると，④回路のメーク接点 X_2-m が閉じ，⑥回路のブレーク接点 X_2-b が開きます．

（3）④回路のメーク接点 X_3-m が開いているので赤色ランプ RL は点灯せず，⑦回路のブレーク接点 X_3-b が閉じているので，緑色ランプ GL は点灯したままです．

●動作〔3〕　駐車場の No.3 に車が入った場合●

（1）駐車場の No.3 に車が入ると，③回路の光電スイッチ PH_3 が動作して，そのメーク接点 PH_3-m が閉じ，補助リレー X_3 が動作します．

（2）補助リレー X_3 が動作すると，④回路のメーク接点 X_3-m が閉じ，⑦回路のブレーク接点 X_3-b が開きます．

（3）④回路では，メーク接点 X_1-m，メーク接点 X_2-m，メーク接点 X_3-m のすべてが閉じたので，赤色ランプは点灯し，満車表示をします．

（4）緑色ランプは，ブレーク接点 X_1-b，ブレーク接点 X_2-b，ブレーク接点 X_3-b がすべて開いたので，消灯し，空車表示の緑色ランプは消えます．

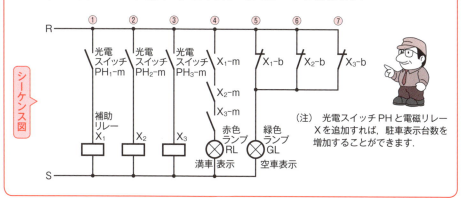

（注）光電スイッチ PH と電磁リレー X を追加すれば，駐車表示台数を増加することができます．

❷ 駐車場シャッタの自動開閉制御回路

駐車場シャッタの自動開閉制御

❈ 自動車が駐車場のシャッタ（扉）に近づいて，光電スイッチPH_1からの光を遮断すると，自動的にシャッタが開き，上限リミットスイッチU-LSで停止します．

❈ 自動車がシャッタを通過して，次の光電スイッチPH_2からの光を遮断すると，自動的にシャッタが閉じ，下限リミットスイッチD-LSで停止します．

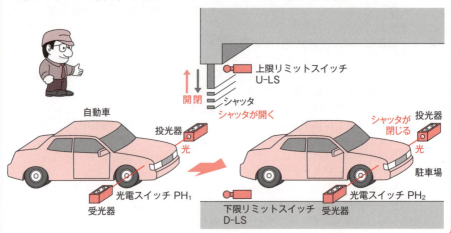

駐車場シャッタの自動開閉制御のシーケンス図〔例〕

● 光電スイッチを2個用いた場合 ●　　—動作説明：次ページ参照—

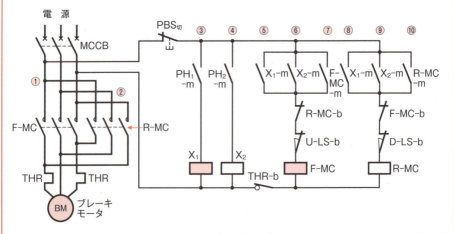

❷ 駐車場シャッタの自動開閉制御回路（つづき）

駐車場シャッタの自動開閉制御のシーケンス動作

● 自動車が外部から駐車場に入る場合 ● —前ページのシーケンス図参照—

1. シャッタ「開」の動作　（注：駐車場内部から出る場合も同じ動作をします）

(1) 自動車が駐車場シャッタ前の光電スイッチ PH_1 からの光を遮断すると，③回路のメーク接点 PH_1-m が閉じて，補助リレー X_1 を動作させ，⑤回路のメーク接点 X_1-m を閉じ，正転用電磁接触器 F-MC を動作させます（シャッタが閉じているので⑨回路のブレーク接点 D-LS-b が開いており R-MC は動作しない）．

(2) 正転用電磁接触器 F-MC が動作すると，①回路の主接点 F-MC が閉じ，ブレーキモータ BM が正方向に回転して，シャッタを上昇させ，開きます．

(3) シャッタが上昇し，上限リミットスイッチ U-LS に接触すると，動作して⑥回路のブレーク接点 U-LS-b が開いて正転用 F-MC を復帰させますので，①回路の主接点 F-MC が開き，ブレーキモータ BM が停止して，シャッタは止まります．

2. シャッタ「閉」の動作

(4) 自動車がシャッタを通過して，さらに光電スイッチ PH_2 からの光を遮断しますと，動作して④回路のメーク接点 PH_2-m が閉じて，補助リレー X_2 を動作させ，⑨回路のメーク接点 X_2-m を閉じ，逆転用電磁接触器 R-MC を動作させます．

(5) 逆転用電磁接触器 R-MC が動作すると，②回路の主接点 R-MC が閉じ，ブレーキモータ BM が逆方向に回転して，シャッタを下降させ，閉じます．

(6) シャッタが下降し，下限リミットスイッチ D-LS に接触すると，動作して⑨回路のブレーク接点 D-LS-b が開いて，逆転用 R-MC を復帰させますので，②回路の主接点 R-MC が開き，ブレーキモータ BM が停止して，シャッタは止まります．

2段式箱形循環方式による立体駐車装置

※ 2段式箱形循環方式による立体駐車装置とは，中央の横送りの部分をはさんで，両側にリフトがあり，自動車はトレイ（車箱の皿）上に駐車され，トレイは垂直方向にはリフトで，横方向には，レール上を移動します．そして両リフトには常時1枚のトレイがあり，制御上この部分に定位置が設けられております．

※ いま1階のトレイが呼び出されたとすると，入出庫口のトレイはB2まで下降し，Bリフトのトレイは B2からB1へ上昇します．両リフトとも停止すると，1階はAリフト側へ，B2はBリフト側へ1トレイ分横送りされます．このようにして，目的のトレイがAリフトへ呼び出されると，そのトレイは入出庫口まで上昇し，運転が完了します．

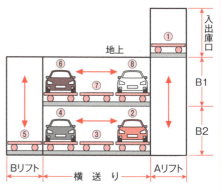

＜2段式箱形循環方式立体駐車装置＞

14-2　防災設備のシーケンス制御

❶ 火災警報器の制御回路

火災警報器の制御

❋ 火災の発見方法には，巡視や夜警員など，人の感覚による場合もありますが，いつでも，どこでもということになると，おのずから限界があります。

❋ そこで，火災警報器は，火災が発生すると，その温度変化によって，熱感知器が動作し，その接点で，ブザーを鳴らして，警報を発するようにした機器です。

熱感知器の構造〔例〕

❋ バイメタル式熱感知器
　周囲温度が高温(70℃以上)になりますと，円形バイメタルが反転して接点を閉じます。

〔外観〕　　　〔内部〕

火災警報器のシーケンス図

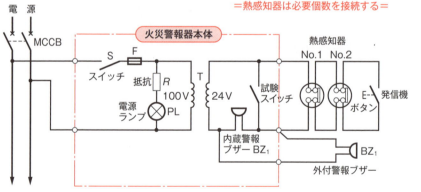

＝熱感知器は必要個数を接続する＝

● シーケンス動作 ●

（1）　火災警報器のスイッチSを閉じると，電源(パイロット)ランプPLが点灯します。

（2）　火災が発生すると，熱感知器 No.1 または No.2 の周囲が高温になりますから，熱感知器が動作(内部の円形バイメタルがわん曲する)して，その接点を閉じ，内蔵警報ブザー BZ_1 および外付警報ブザー BZ_2 が鳴り警報を発します。

（3）　人が火災を発見したときは，発信機表面の保護板を指で押し破り，ボタンを押すと，その接点が閉じて，警報ブザー BZ_1 および BZ_2 が鳴ります。

❷ 消火ポンプの制御回路

消火ポンプの制御

❖消火ポンプは，火災が発生すると，発見した近くの火災報知器の押しボタンスイッチを操作することにより，始動して，地下受水槽の水を屋上の貯水タンクにくみ上げ，消火活動に必要な水量を確保する装置です(動作説明：次ページ参照).

❖消火ポンプは，消火活動に多量の水が必要であることから，屋上の貯水タンクが一ぱいになっても，また地下受水槽の水量が規定値以下になっても，消火ポンプは自動停止しないようになっております.

〔例〕

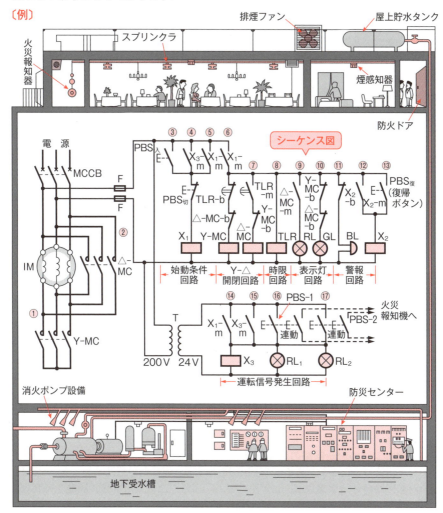

❷ 消火ポンプの制御回路（つづき）

消火ポンプの始動回路の動作順序

● ポンプはY結線で始動する ●　　―前ページのシーケンス図参照―

(1) 火災を発見した人が，火災報知器の押しボタンスイッチ PBS-1 を押すと，⑯回路のメーク接点 PBS-1 が閉じて，⑭回路の消火装置用補助リレー X_3 が動作して，自己保持するとともに，⑯，⑰回路の赤色ランプ RL_1，RL_2 が点灯します。

(2) 補助リレー X_3 が動作すると，④回路のメーク接点 X_3-m が閉じて，消火ポンプ用始動条件補助リレー X_1 が動作し，⑤回路のメーク接点 X_1-m が閉じて自己保持し，⑥回路のメーク接点 X_1-m も閉じて，⑩回路の緑色ランプ GL が点灯するとともに，⑪回路のベル BL が鳴り警報を発します。

(3) ⑥回路のメーク接点 X_1-m が閉じると，⑧回路のタイマ TLR を付勢するとともに，⑥回路のコイル Y-MC □ に電流が流れ，Y結線用電磁接触器 Y-MC を動作させます。

(4) Y結線用電磁接触器 Y-MC が動作すると，①回路の主接点 Y-MC が閉じ，消火ポンプ用電動機 IM はY結線で始動し，消火ポンプは地下受水槽から，屋上の貯水タンクに水をくみ上げます。

消火ポンプの運転回路の動作順序

● ポンプは△結線で運転する ●　　―前ページのシーケンス図参照―

(5) タイマ TLR の設定時限が経過すると，タイマが動作して，⑥回路の限時動作瞬時復帰ブレーク接点 TLR-b が開き，⑦回路の限時動作瞬時復帰メーク接点 TLR-m が閉じます。

(6) ブレーク接点 TLR-b が開くと，⑥回路のコイル Y-MC □ に電流は流れず，Y結線用電磁接触器 Y-MC が復帰し，①回路の主接点 Y-MC を開きます。

(7) メーク接点 TLR-m が閉じると，⑦回路のコイル △-MC □ に電流が流れ，△結線用電磁接触器 △-MC が動作して，②回路の主接点 △-MC を閉じ，消火ポンプ用電動機 IM は△結線となるので全電圧が印加され，運転状態となります。

(8) △結線用電磁接触器 △-MC が動作すると，⑨回路のメーク接点 △-MC-m が閉じ，赤色ランプ RL が点灯し，ポンプが運転中であることを表示します。

- 電動機のY-△始動制御については，姉妹編の「絵とき **シーケンス制御読本**（入門編）」をご覧ください。

● 警報ベルの復帰動作順序 ●

(9) ⑬回路の復帰ボタンスイッチ PBS復 を押すと，補助リレー X_2 が動作し，⑫回路のメーク接点 X_2-m が閉じて自己保持するとともに，⑪回路のブレーク接点 X_2-b が開いて，警報ベル BL に電流は流れず，ベルは鳴り止みます。

● 消火ポンプの停止回路の動作順序 ●

(10) ④回路の停止ボタンスイッチ PBS切 を押すと，④回路の補助リレー X_1 が復帰し，⑥回路のメーク接点 X_1-m が開いて，⑦回路の△結線用電磁接触器 △-MC が復帰し，②回路の主接点 △-MC が開いて消火ポンプは停止します。

❸ 自動火災報知設備の制御回路

自動火災報知設備　　　　　　　　　　　　　　　●ビルの場合●

❖ 火災が発生しますと，熱感知器または煙感知器が動作して，受信機に火災信号を送ります．受信機は警戒区域ごとの火災発生区域コード灯および火災表示灯が点灯し，警報ベルが鳴って，どこで，火災が発生したかを保守員に知らせます．

❖ 規模が大きいビルでは，警戒区域の数も多くなり，窓表示を見ただけでは，わかりにくいので，地図式，階別式グラフィックパネル，ディスプレイ（CRT）表示(注)などにより，ひと目で火災発生区域がわかるようになっております．

（注）CRT 表示……カラーにより火災発生階の図形を映し出す．

防災システム〔例〕　　　　　　　　　　　　　　●火災の発生から消火まで●

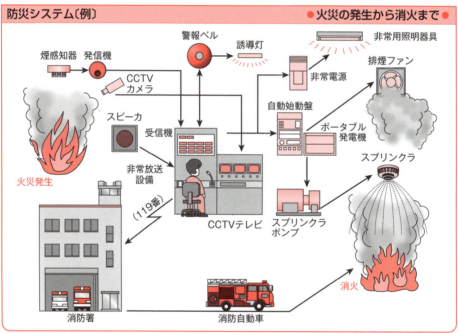

自動火災報知システム〔例〕

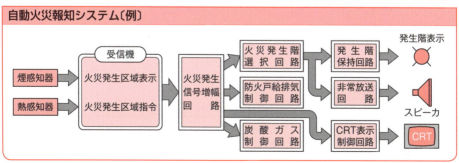

❸ 自動火災報知設備の制御回路（つづき）

自動火災報知設備のシーケンス動作

（1）煙感知器または熱感知器により，火災信号が受信機に送られると，火災表示灯が点灯し，火災地域コード番号窓が点灯して，ベルが鳴ります。
（2）受信機の発生区域指令 $B_1 \sim B_n$ の動作により，それに対応する補助リレー $X_1 \sim X_n$ が動作します。
（3）補助リレー $X_1 \sim X_n$ が動作すると，火災発生階表示リレー $XF_1 \sim XF_m$ が動作します。
（4）火災発生階表示リレー $XF_1 \sim XF_m$ の動作により，グラフィックパネルのランプ $R_1 \sim R_m$ がフリッカ点灯して，ベルが鳴り，火災発生階を知らせます。
（5）火災発生階表示リレー $XF_1 \sim XF_m$ の動作により，非常放送回路，電気室集中管理装置への接点が閉じます。
（6）火災の発生が地下駐車場の場合には，炭酸ガス放出用指令接点，防火戸，防火シャッタ，排煙扉の閉指令接点を閉じます。
（7）ベル停止ボタンスイッチを押すと，補助リレー BL_x が動作して，ベル BL が鳴り止みます。

自動火災報知設備のシーケンス図

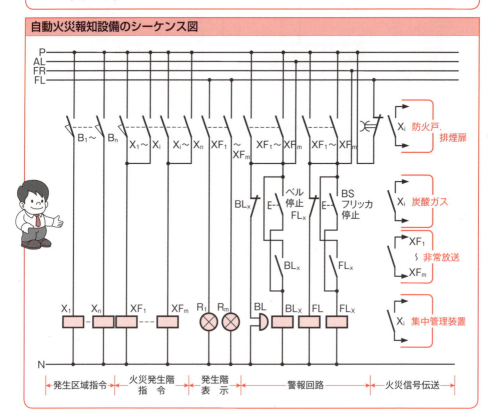

絵とき シーケンス制御読本[実用編] 索 引

[ア行]

足踏み操作図記号……………35
圧縮空気・水圧操作図記号…35
圧縮空気設備…………………16
圧力・電磁弁制御回路………16
圧力監視・警報回路…………16
圧力スイッチ……………16, 111
　――の圧力チャート……112
　――の動作すきま………112
　――を用いた警報回路…110
　――を用いた警報回路の
　　　シーケンス図………111
圧力制御………………………16
安全マット………………52, 62

●

異常渇水警報付き給水制御
　……………………………198
　――のシーケンス図……199
異常増水警報付き排水制御
　……………………………206
　――のシーケンス図……207
位置スイッチ機能図記号
　………………………34, 36
一定時間動作回路………17, 122
インチング……………………79

●

エレベータ………………20, 166
　――の運行指示制御回路
　　…………………………174
　――のかご室ドア機構
　　…………………………182
　――記憶制御回路………166
　――の始動制御回路……176
　――の制御系統図…………21
　――の制御方式……………20
　――停止準備制御回路…182

――の停止制御回路…… 184
――のドア開閉制御回路
　………………………172, 188
――のドアの構造……… 188
――の歯車付巻上機…… 178
――の表示灯制御回路
　………………………170, 180
――の呼び打消制御回路
　………………………………187
――方向選択制御回路… 168

●

押し操作図記号………35, 36
押しボタンスイッチ……28, 31
　――の切換接点……………32
　――の図記号………………36
　――のブレーク接点………32
　――のメーク接点…………31
温水暖房……………………151
温度スイッチ……………15, 97
　――の温度チャート………97
　――を用いた警報回路
　　…………………………15, 96
　――を用いた警報回路の
　　シーケンス図……………97
温度制御……………………15
　――の温度検出器…………15
温熱源装置……………………18

[カ行]

回転機の文字記号……………41
回転操作図記号………………35
開閉接点の図記号………31, 33
開放形高圧受電設備…………10
かぎ操作図記号………………35
火災警報器…………………238
　――のシーケンス図……238
　――の制御………………238

過電流継電器………………140
　――と遮断器の連動試験
　　…………………………140
　――の限時特性…………141
　――の最小動作電流……141
金網ベルトコンベア…………24
加熱・冷却二段温度制御回路
　……………………………105
　――の温度チャート……105
　――のシーケンス図……105
カム操作図記号………………35
間隔動作回路………………122

●

機械的エネルギー蓄積による
　操作図記号………………35
機能の文字記号………………41
記名式表示灯…………………29
給水制御……………………22
給水設備……………………22
給排水衛生設備……………210
キュービクル式高圧受電設備
　………………………………8
切換接点…………………31, 33
　――の図記号………………32

●

空気調和(空調)………………18
空気調和設備…………18, 150
空調設備……………………150
　――の系統図……………150
クランク操作図記号…………35
繰返し動作回路………………17

●

計器の文字記号………………41
継電器接点……………………33
継電器類の文字記号…………40
限時継電器……………………17
限時動作瞬時復帰………33, 124

243

■索 引

────のブレーク接点……124
────ブレーク接点図記号…37
────のメーク接点………124
────のメーク接点図記号…37

高架水槽方式……………………22
交流式電磁操作方式による
　遮断器の制御回路………135
────のシーケンス図……135
交流遮断器の図記号…………34
交流発電機……………………13
ゴムベルトコンベア…………24
コンデンサの図記号…………38
コンデンサモータ……………73
────の正逆転制御回路……72
────の正逆転制御回路の
　　シーケンス図………73
コンプレッサの圧力制御回路
　………………………16,113
────の圧力チャート……114
────のシーケンス図……114
コンベア………………………24
────の時限連動制御………25
────の集中押しボタン制御
　………………………………25
────の主幹連動制御………25
────の順序始動・
　　順序停止制御………25
コンベアの一時停止制御…214
────のシーケンス図……215
────のタイムチャート…215

[サ行]

サーマルリレー………………29
────の図記号………………37
作動マット………………52,62
三相ヒータの温度制御………15
────回路……………………99
────回路の温度チャート
　………………………………100
────回路のシーケンス図
　………………………………100

三相誘導電動機の回転速度…94
残留機能付き(接点)…………33
────ブレーク接点の図記号
　………………………………37
────メーク接点の図記号…37

シーケンス図…………………45
シーケンス制御………………45
────記号……………………40
シーケンスダイヤグラム……45
自家用高圧受電設備…………8
自家用受電設備……………140
────の絶縁耐力試験
　……………………146,147
────の絶縁抵抗測定……145
────の接地抵抗測定……144
時間制御………………………17
時限制御………………………17
自動火災報知設備…………241
────のシーケンス図……242
自動式接地抵抗計…………144
自動点滅器…………………148
自動ドア……………51,52,53
────のシーケンス図
　………………51,55,57,59,61,63
自動引はずし機能図記号……34
自動復帰機能図記号…………34
自動復帰する接点……………33
遮断器形キュービクル式
　高圧受電設備………………9
遮断器類の文字記号…………40
遮断器のコンデンサ
　引はずし方式……………138
遮断機能図記号…………34,36
シャッタの自動開閉制御…224
────のシーケンス図……224
受電室…………………………11
手動操作自動復帰……………31
────切換接点………………32
────ブレーク接点…………32
────メーク接点……………31
手動操作図記号………………35

瞬時動作限時復帰接点…33,124
────のブレーク接点……124
────のメーク接点………124
順序始動・順序停止制御……25
消火ポンプ…………………239
────のシーケンス図……239
────の制御………………239
蒸気暖房……………………151
照光看板の自動点滅制御…148
────のシーケンス図……148
消磁……………………………30

垂直循環方式立体駐車装置
　………………………………234
スイッチの文字記号…………40
水平循環方式立体駐車装置
　………………………………234
寸動運転………………………81

制御器具番号…………………42
────の基本器具番号…43,44
────の補助番号……………44
制御電源母線………………47,48
絶縁抵抗計…………………145
接地工事……………………144
接点機能図記号…………34,37

[タ行]

ダイオードの図記号…………38
タイマ…………………17,124
────の図記号………………37
タイムラグリレー……………85
多層循環方式立体駐車装置
　………………………………234
脱着可能ハンドル操作図記号
　………………………………35
縦書きシーケンス図…………47
断路機………………………131
────の図記号………………34
断路機能図記号…………34,36
遅延動作回路…………17,125

244

遅延動作機能図記号…………34
遅延投入・一定時間動作回路
　………………………………17
チェーンコンベア……………24
着火装置タイマ……………151
駐車場シャッタ　　　236
　──の自動開閉制御……236
　──の自動開閉制御の
　　シーケンス図………236
駐車場設備のシーケンス制御
　………………………………234
駐車場の空車・満車表示制御
　………………………………234
　──のシーケンス図……235
直流式電磁操作方式による
　遮断器の制御回路………132
　──のシーケンス図……132
地絡継電器…………………142
　──と遮断器の連動試験
　……………………………142
　──の最小動作電流……143

●

ディーゼル機関………………13
ディーゼル機関発電装置
　…………………………12, 13
抵抗の図記号…………………38
てこ操作図記号………………35
展開接続図……………………45
電気掃除機…………………120
　──のシーケンス図……120
電気毛布……………………108
　──のシーケンス図……108
電気炉…………………………15
電源の文字記号………………41
電磁効果による操作図記号
　…………………………35, 37
電子式温度スイッチ…………97
電磁接触器……………………30
　──の図記号………37, 46
電磁接触器接点………………33
電磁操作自動復帰……………31
　──切換接点………………32

──ブレーク接点…………32
──メーク接点……………31
電磁操作方式による遮断器
　………………………………130
電磁リレー……………………30
──の切換接点……………32
──の図記号………35, 37, 46
──のブレーク接点………32
──のメーク接点…………31
電池の図記号…………………38
電動機操作図記号……………35
電動機…………………………14
──の逆相制動……………85
──の逆相制動制御………14
──の逆相制動制御回路…84
──の逆相制御の
　シーケンス図……………85
──の逆トルク制動………85
──の極数変換による
　速度制御…………………94
──の現場・遠方操作による
　始動・停止制御回路……66
──の現場・遠方操作による
　始動・停止制御回路の
　シーケンス図……………67
──のじか入れ始動制御…14
──の始動補償器による
　始動制御…………………93
──の始動リアクトルによる
　始動制御…………………92
──の図記号………………39
──のスターデルタ始動制御
　……………………………14
──の寸動運転……………79
──の寸動運転制……………14
──の寸動運転制御回路…78
──の寸動運転制御回路の
　シーケンス図……………79
──の正逆転制御…………14
──の速度制御……………14
電動送風機…………………126

──の遅延動作運転回路
　……………………………125
──の遅延動作運転回路の
　シーケンス図……126
──の遅延動作運転回路の
　タイムチャート……126
電力用接点……………………33

●

トグルスイッチ………………28
トロリーコンベア……………24

［ナ行］

●

ナイフスイッチの図記号……35

●

荷上げリフト………………219
──の自動反転制御……219
──の自動反転制御の
　シーケンス図………220

●

熱感知器……………………238
熱動過電流リレー……………29
──の図記号………………37

●

ノーヒューズブレーカ………29

［ハ行］

排水制御………………………23
排水設備………………………23
配線用遮断器…………………29
配線用遮断器の図記号………36
パッケージ形空気調和機……19
──の冷媒・暖房系統図…19
ハンドル操作図記号…………35
反復動作防止　　　134, 136

●

引き操作図記号………………35
引はずし自由リレー………134
非自動復帰(残留)機能図記号
　………………………………34
非常操作図記号………………35
非常用電源設備………………12
ヒューズ………………………36

■索 引

──の図記号 ………… 36, 38
　──付断路器の図記号 ……36
表示灯 ……………………………29
平形押しボタンスイッチ ……28
ヒンジ形電磁リレー ………… 30

ファンコイルユニット …… 164
　──のシーケンス図 …… 164
負荷開閉機能図記号 …………34
ブザー ……………………………39
　──の一定時間吹鳴回路
　　………………………… 122
　──の一定時間吹鳴回路の
　　シーケンス図 …… 123
　──の一定時間吹鳴回路の
　　タイムチャート …… 123
　──の図記号 ………………39
不着火タイマ ………………… 151
プラッギング ……………… 84, 85
　──リレー ……………… 84, 89
プランジャ形電磁接触器 ……30
プリパージタイマ ………… 151
ブレーク接点 …………… 31, 33
　──の図記号 …… 32, 36, 37
フレームアイ ………… 151, 160
フロートレス液面リレー … 195
　──を用いた給水制御 … 194
　──を用いた給水制御の
　　シーケンス図 ……… 195
　──を用いた排水制御 … 202
　──を用いた排水制御の
　　シーケンス図 ……… 203
噴水の時限制御 …………… 212
　──のシーケンス図 …… 212
ベルの図記号 …………………39
変圧器 ……………………………39
　──の図記号 ………………39
　──の文字記号 ……………41
ボイラ ………………… 18, 150
　──の自動始動・停止制御の
　　シーケンス図 ……… 152

──の自動始動・停止制御の
　タイムチャート …… 153
──の自動始動・停止の
　シーケンス制御 …… 151
方向性出入計数制御 …………64
　──のシーケンス図 ………64
防災システム ……………… 241
ポンプ(ポンプ設備)) ………26
　──の繰り返し運転制御
　　………………………… 226
　──の繰り返し運転制御の
　　シーケンス図 …… 227
　──の繰り返し運転制御の
　　タイムチャート …… 227
　──の順序始動制御 …… 230
　──の順序始動制御の
　　シーケンス図 …… 231
　──の遠隔制御方式 ………26
　──の全自動方式 …………26
　──の一人制御方式 ………26

[マ行]

マイクロスイッチ ……………28
マットスイッチ ………………53
巻線形誘導電動機 ……………90
　──の抵抗始動制御 ………90

メーク接点 ……………… 31, 33
　──の図記号 …… 31, 36, 37

文字記号 …………………………40

[ヤ行]

油圧開閉機構 …………………50
油圧式自動ドア ………… 50, 52
油圧式自動ドアの開閉機構 …52

横書きシーケンス図 …… 48, 51

[ラ行]

ランプの図記号 ………………39

リミットスイッチ ……… 28, 33
　──の図記号 ………… 34, 36

励磁 ………………………………30
冷暖房の制御 …………………15
冷凍機 ………………… 18, 19
冷熱源装置 ……………………18

ローラコンベア ………………24

[数字・英文]

2段式箱形循環方式による
　立体駐車装置 ………… 237
3階までのエレベータ設備
　………………………… 190
　──のシーケンス図 …… 191
3極遠方操作式断路器 …… 131

a接点 ……………………… 31, 33
b接点 ……………………… 31, 33
c接点 ……………………… 31, 32
CB形キュービクル式
　高圧受電設備 ………………9
GR付PAS ………………………9
PAS ……………………………9
PF-S形キュービクル式
　高圧受電設備 ………………9

246

<著者略歴>

大浜　庄司（おおはま　しょうじ）

昭和32年　東京電機大学工学部電気工学科卒業
　現　在　・オーエス総合技術研究所・所長
　　　　　・認証機関・JIA-QA センター主任審査員
　資　格　・JRCA 登録主任審査員（日本）

<主な著書>

完全図解 発電・送配電・屋内配線設備早わかり	絵とき 自家用電気技術者実務知識早わかり（改訂2版）
絵とき 自家用電気技術者実務読本（第5版）	電気管理技術者の絵とき実務入門（改訂4版）
完全図解 空調・給排水衛生設備の基礎知識早わかり	完全図解 現場技術者のための シーケンス制御の基礎と実用講座
完全図解 電気と電子の基礎教室 －回路の理解から制御まで－	絵とき シーケンス制御読本－入門編－（改訂4版）
絵で学ぶ ビルメンテナンス入門（改訂2版）	絵とき シーケンス制御活用自由自在
マンガで学ぶ 自家用電気設備の基礎知識	など（以上，オーム社）
完全図解 自家用電気設備の実務と保守早わかり	

- 本書の内容に関する質問は，オーム社ホームページの「サポート」から，「お問合せ」の「書籍に関するお問合せ」をご参照いただくか，または書状にてオーム社編集局宛にお願いします。お受けできる質問は本書で紹介した内容に限らせていただきます。なお，電話での質問にはお答えできませんので，あらかじめご了承ください。
- 万一，落丁・乱丁の場合は，送料当社負担でお取替えいたします。当社販売課宛にお送りください。
- 本書の一部の複写複製を希望される場合は，本書扉裏を参照してください。

JCOPY ＜出版者著作権管理機構 委託出版物＞

絵とき シーケンス制御読本－実用編－（改訂4版）

1987 年 7 月 20 日　第 1 版第 1 刷発行
1994 年 9 月 20 日　改 訂 版第 1 刷発行
2001 年 1 月 20 日　改訂 3 版第 1 刷発行
2018 年 10 月 25 日　改訂 4 版第 1 刷発行
2021 年 5 月 30 日　改訂 4 版第 2 刷発行

著　　者　大浜庄司
発 行 者　村上和夫
発 行 所　株式会社オーム社
　　　　　郵便番号　101-8460
　　　　　東京都千代田区神田錦町3-1
　　　　　電話 03(3233)0641(代表)
　　　　　URL https://www.ohmsha.co.jp/

© 大浜庄司 2018

組版 アトリエ渋谷　印刷・製本　壮光舎印刷
ISBN 978-4-274-50708-3　Printed in Japan

受変電設備のメカニズムから，試験・検査・保守・点検のノウハウを解説！

絵とき 自家用電気技術者実務知識早わかり
（改訂2版）

大浜庄司著／A5判・280頁／ISBN 978-4-274-50438-9

自家用電気施設で働く電気技術者のために，また自家用高圧受電設備の保安について初めて学習する初心者のために，受変電施設の管理ノウハウをまとめた実務書．初心者からベテラン技術者までが必要とする実務知識を，平易に図解し詳細に解説．本書は，平成23年の電気設備技術基準・解釈等の改正に合せた改訂版．

6コママンガで楽しく学べる自家用電気設備

マンガで学ぶ 自家用電気設備の基礎知識

大浜庄司著／A5判・132頁／ISBN 978-4-274-50461-7

月刊誌「設備と管理」での人気連載記事「現場技術者のためのイラスト日誌」や「ビル電気技術者の実務知識」など，著者がこれまで長年にわたり執筆してきた1ページものの6コママンガシリーズの集大成．自家用電気設備について，初学者が気軽に基礎知識を学べるよう，特に重要なポイントについて解説したマンガを厳選して収録．

シーケンス制御を初めて学習しようと志す人のために，基礎から実際までをやさしく解説した入門書

絵とき シーケンス制御回路の基礎と実務

大浜庄司著／A5判・168頁／ISBN 978-4-274-94327-0

シーケンス制御の基本的な知識を詳細に解説するとともに，初めての人にもシーケンス制御回路をより理解しやすくするために，いろいろと工夫した手法を用いた．
1章では，シーケンス制御を理解するための基礎的な電気回路の構成と，その動作のしかたを系統的かつ詳細に図解して解説．2章では，ビル・工場で実際に使用されている設備・機器の制御回路を具体的に解説．

現場技術者としての実務に役立つ基礎知識を絵と図で優しく解説した入門の書！

完全図解 空調・給排水衛生設備の基礎知識早わかり

大浜庄司著／A5判・208頁／ISBN 978-4-274-50518-8

ビル管理の現場技術者を志す人が空調設備と給排水衛生設備について初めて学ぶのに最適の書．両設備分野の基本的な技術情報を細分化して1ページ1テーマの構成とし，ページの上半分には絵や図や表を，下半分には簡潔でわかりやすい解説文を配してある．また，設備そのものだけでなく，その維持管理（メンテナンス）に関する技術情報を解説した章を独立して設けてあるので，基礎から実務に至る幅広い範囲の知識を習得できる．

もっと詳しい情報をお届けできます．
◎書店に商品がない場合または直接ご注文の場合は右記宛にご連絡ください． ホームページ　https://www.ohmsha.co.jp/
TEL/FAX　TEL.03-3233-0643　FAX.03-3233-3440